数学の かんどころ 29

早わかり
ルベーグ積分

澤野嘉宏 著

共立出版

編集委員会

飯高　茂　（学習院大学名誉教授）
中村　滋　（東京海洋大学名誉教授）
岡部　恒治　（埼玉大学名誉教授）
桑田　孝泰　（東海大学）

本文イラスト
飯高　順

「数学のかんどころ」
刊行にあたって

　数学は過去，現在，未来にわたって不変の真理を扱うものであるから，誰でも容易に理解できてよいはずだが，実際には数学の本を読んで細部まで理解することは至難の業である．線形代数の入門書として数学の基本を扱う場合でも著者の個性が色濃くでるし，読者はさまざまな学習経験をもち，学習目的もそれぞれ違うので，自分にあった数学書を見出すことは難しい．山は1つでも登山道はいろいろあるが，登山者にとって自分に適した道を見つけることは簡単でないのと同じである．失敗をくり返した結果，最適の道を見つけ登頂に成功すればよいが，無理した結果諦めることもあるであろう．

　数学の本は通読すら難しいことがあるが，そのかわり最後まで読み通し深く理解したときの感動は非常に深い．鋭い喜びで全身が包まれるような幸福感にひたれるであろう．

　本シリーズの著者はみな数学者として生き，また数学を教えてきた．その結果えられた数学理解の要点（極意と言ってもよい）を伝えるように努めて書いているので読者は数学のかんどころをつかむことができるであろう．

　本シリーズは，共立出版から昭和50年代に刊行された，数学ワンポイント双書の21世紀版を意図して企画された．ワンポイント双書の精神を継承し，ページ数を抑え，テーマをしぼり，手軽に読める本になるように留意した．分厚い専門のテキストを辛抱強く読み通すことも意味があるが，薄く，安価な本を気軽に手に取り通読して自分の心にふれる個所を見つけるような読み方も現代的で悪くない．それによって数学を学ぶコツが分かればこれは大きい収穫で一生の財産と言

えるであろう.

　「これさえ摑めば数学は少しも怖くない，そう信じて進むといいですよ」と読者ひとりびとりを励ましたいと切に思う次第である.

編集委員会と著者一同を代表して

飯高　茂

序　文

　ルベーグ積分は難しいものと思ってはいないだろうか？　大学でルベーグ積分をとったものの難しかったという記憶しかないならば，または，ルベーグ積分は重要だから勉強してみたいと思ったことはあるけど機会がなかったならば，この機会にルベーグ積分を勉強してみようではないか．高校で習った実数や有理数の概念をもとに，本書ではこの強力な理論を丁寧に説明する．

　ルベーグ積分は数学科の学生にとってやはり鬼門とされている科目であるが，ルベーグ積分の創始者であるアンリー・ルベーグがいうようにリーマン積分よりも簡単な積分であるはずである．ルベーグは「リーマン積分は積分値そのものの計算が主眼」なのにたいして，「ルベーグ積分は積分に内在する性質を考察している」点において本質を得たと考えている．

　本書ではルベーグ積分を詳細かつ簡潔に説明する．ラドン・ニコディムの定理までが基本的な内容で，それを基本にして種々の科目との関連を考察する．確率論，フーリエ解析ではルベーグ積分を基礎として理論が展開されるにもかかわらず，ルベーグ積分を未習のままこれらの科目を学習しなくてはいけないというジレンマが常に付きまとう．本書ではこれらの科目は全体を俯瞰するのではなく，ルベーグ積分が本質的に使われている箇所に限定して説明する．

　本書の特色を述べたい．ルベーグ積分で必要とされるきわめて重

要な定理は「単調収束定理」,「ファトゥの補題」,「ルベーグの収束定理」の3つである．これらの定理を使いこなせると，微分積分の科目で習得した一様収束の概念を経由することなく積分と極限の記号の交換ができるようになる．このことは解析学において基本になる．ルベーグ積分の教科書は非常に多いが，本書では最短の方法でこれらの定理に到達することができるように構成を工夫した．さらに，本書ではルベーグ積分がなぜ重要かを説明するために，関数の微分可能性を深く追求した．ほかの応用として，フーリエ解析，確率論とどのようにルベーグ積分が結びついているかを説明した．ルベーグ積分の応用として，コインを投げ続けていくといつかは必ず表がでるという命題の「必ず」がわかるようになる．フーリエ解析や確率論の講義では素通りされやすい箇所に限定して説明している．これらの科目の講義では証明に時間がかかりすぎてしまうという難点があるが，測度論に関して詳論している本書の強みを生かしてこれらの箇所を丁寧に説明した．また，多くの演習問題を設け，それらに関する詳しい解答も与えた．章末問題はその章で扱った事項のうち，難しいと思われるものをまとめた．初学者はこれを素通りしても構わない．

　本書を書くに当たり，学習院大学，首都大学東京，京都大学，山形大学で行った講義を基にした．また，首都大学東京の大学院生の中村昌平君と岡山大学教育学部出耒光夫先生には原稿を細部まで読んでいただき，有益なコメントをいただいた．この場を借りて感謝の意を表したい．

2015年8月

澤野嘉宏

目　　次

序　文　*v*

第 1 章　n 次元ルベーグ測度 …………………………… **1**
1.1　外測度とルベーグ測度　2
1.2　可測集合と可測関数　9
1.3　ルベーグ積分の定義とリーマン積分との関係　32
1.4　重要な積分定理　47
1.5　フビニの定理　55
1.6　章末問題　59

第 2 章　抽象的な測度空間 …………………………… **63**
2.1　σ-集合体と測度　64
2.2　積分不等式　77
2.3　ラドン・ニコディムの定理　94
2.4　章末問題　104

第 3 章　関数の微分可能性 …………………………… **111**
3.1　被覆補題と極大作用素　112
3.2　ルベーグの微分定理　115
3.3　関数の微分可能性　119
3.4　章末問題　128

第 4 章　測度論の確率論への応用 ………………………… **131**
　4.1　測度論の立場から見た確率論　132
　4.2　コルモゴロフの拡張定理　138
　4.3　章末問題　145

第 5 章　ルベーグ積分のフーリエ解析への応用 ………… **147**
　5.1　2 乗可積分関数のフーリエ級数　148
　5.2　2 乗可積分関数のフーリエ変換　156
　5.3　章末問題　162

付録　数式の読みかた ……………………………………… **163**

問題の解答　169
索　　引　201

各種文字の字体

1. アルファベット

	1		2		3		4		5		6
A	a	*A*	*a*	𝔄	𝔞	𝒜	𝒶	𝔸	𝕒	𝒜	
B	b	*B*	*b*	𝔅	𝔟	ℬ	𝒷	𝔹	𝕓	ℬ	
C	c	*C*	*c*	ℭ	𝔠	𝒞	𝒸	ℂ	𝕔	𝒞	
D	d	*D*	*d*	𝔇	𝔡	𝒟	𝒹	𝔻	𝕕	𝒟	
E	e	*E*	*e*	𝔈	𝔢	ℰ	ℯ	𝔼	𝕖	ℰ	
F	f	*F*	*f*	𝔉	𝔣	ℱ	𝒻	𝔽	𝕗	ℱ	
G	g	*G*	*g*	𝔊	𝔤	𝒢	ℊ	𝔾	𝕘	𝒢	
H	h	*H*	*h*	ℌ	𝔥	ℋ	𝒽	ℍ	𝕙	ℋ	
I	i	*I*	*i*	ℑ	𝔦	ℐ	𝒾	𝕀	𝕚	ℐ	
J	j	*J*	*j*	𝔍	𝔧	𝒥	𝒿	𝕁	𝕛	𝒥	
K	k	*K*	*k*	𝔎	𝔨	𝒦	𝓀	𝕂	𝕜	𝒦	
L	l	*L*	*l*	𝔏	𝔩	ℒ	𝓁	𝕃	𝕝	ℒ	
M	m	*M*	*m*	𝔐	𝔪	ℳ	𝓂	𝕄	𝕞	ℳ	
N	n	*N*	*n*	𝔑	𝔫	𝒩	𝓃	ℕ	𝕟	𝒩	
O	o	*O*	*o*	𝔒	𝔬	𝒪	ℴ	𝕆	𝕠	𝒪	
P	p	*P*	*p*	𝔓	𝔭	𝒫	𝓅	ℙ	𝕡	𝒫	
Q	q	*Q*	*q*	𝔔	𝔮	𝒬	𝓆	ℚ	𝕢	𝒬	
R	r	*R*	*r*	ℜ	𝔯	ℛ	𝓇	ℝ	𝕣	ℛ	
S	s	*S*	*s*	𝔖	𝔰	𝒮	𝓈	𝕊	𝕤	𝒮	
T	t	*T*	*t*	𝔗	𝔱	𝒯	𝓉	𝕋	𝕥	𝒯	
U	u	*U*	*u*	𝔘	𝔲	𝒰	𝓊	𝕌	𝕦	𝒰	
V	v	*V*	*v*	𝔙	𝔳	𝒱	𝓋	𝕍	𝕧	𝒱	
W	w	*W*	*w*	𝔚	𝔴	𝒲	𝓌	𝕎	𝕨	𝒲	
X	x	*X*	*x*	𝔛	𝔵	𝒳	𝓍	𝕏	𝕩	𝒳	
Y	y	*Y*	*y*	𝔜	𝔶	𝒴	𝓎	𝕐	𝕪	𝒴	
Z	z	*Z*	*z*	ℨ	𝔷	𝒵	𝓏	ℤ	𝕫	𝒵	

2. ギリシャ文字

		読み
A	α	アルファ
B	β	ベータ
Γ	γ	ガンマ
Δ	δ	デルタ
E	ε	イプシロン
Z	ζ	ゼータ
H	η	イータ
Θ	θ	シータ
I	ι	イオタ
K	κ	カッパ
Λ	λ	ラムダ
M	μ	ミュー
N	ν	ニュー
Ξ	ξ	グザイ
O	o	オミクロン
Π	π	パイ
P	ρ	ロー
Σ	σ	シグマ
T	τ	タウ
Υ	υ	ウプシロン
Φ	φ	ファイ
X	χ	カイ
Ψ	ψ	プサイ
Ω	ω	オメガ

1. ローマン体 2. イタリック体
3. ドイツ文字 4. 筆記体
5. 黒板太字 6. 花文字

第 1 章

n 次元ルベーグ測度

　この章で説明する内容は積分論の再構築である．具体的には「測度」という概念をまず導入し，高校の時に学習したリーマン積分とは違う新しい形の積分であるルベーグ積分を導入して，積分の重要定理をまとめる．わざわざ「測度」という概念を導入してまで，なぜリーマン積分ではない形の積分を新たに学ぶ必要があるのかと読者は考えるかもしれないが，このことに対する答えを与えてみよう．

大学の数学科の学生が解析学の科目の1つとして学ぶルベーグ積分は，リーマン積分に比べて魅力的な側面がいくつもある．その1つとして，リーマン積分は上限和や下限和という極限を介して定義されるものであるにもかかわらず，極限との関係が不明確であるために，扱える関数が限られてしまうことである．そのことの裏付けの1つは，一様収束と積分の関係は初学者には難しいということである．このことを解決するのがルベーグ積分である．つまり，ルベーグ積分の世界では極限と積分は明確に結びつく．もう1つは無限級数の絶対収束と広義リーマン積分の絶対収束を比較するとわかるように，級数と数列の和には共通点が多くあるということである．このことから，級数や数列の和は広い視点に立つと同一ではないかと推測できる．

　本章では1つ目の側面である「極限と積分の関係の明確さ」を目標にルベーグ積分の理論を構築しよう．

1.1　外測度とルベーグ測度

　定数関数1を積分するとその区間の長さが得られる．すなわち，$\int_a^b 1\,dx = b-a$ である．これを捨象して考えることがルベーグ積分の考察の出発点である．図形の面積を測るということを考える．面積に限らず，長さや体積を測るというのは思いのほか難しい．たとえば，図形の面積を実際に計ろうとするとその図形を直線形の図形で近似しないといけないが，近似の仕方によって，得られる面積の値が異なる．測り方を決めるのが外測度という概念である．可測という単語に出くわした場合，読者は"その集合の面積，体積が決定できる"と理解してほしい．重要であるのは，私たちはどのよ

うに測定するかではなく，何を測定するかということである．実際に，ルベーグ積分論において $\mathbb{R}^n$ の内のすべての部分集合を満足に測定するのは不可能であるとあきらめざるを得ない．

ルベーグ積分論において，可算集合というものは極めて重要なものであるので，ここに定義とよく使う例を挙げておこう．本書では $\mathbb{N} = \{1, 2, \ldots\}$ と定義する．また $\mathbb{Z}$ は整数全体のなす集合を表す．

定義 1.1　可算集合

無限集合 E が可算であるとは写像 $\varphi : \mathbb{N} \to E$ が存在して，$\varphi(\mathbb{N}) = E$ となることである．

$\mathbb{N}_0 = \{0, 1, 2, \ldots\}$, $\mathbb{Z} = \{0, \pm 1, \pm 2, \ldots\}$, $\mathbb{N} \times \mathbb{N} = \{(i, j) : i, j \in \mathbb{N}\}$ は可算である．$\{0, 1, 2, \ldots\}$ はいろいろな表記がある．$\mathbb{N}_0$ 以外では $\mathbb{Z}_+$ と書く場合もある．

積分とは，いろいろな図形の面積，体積を測るという側面もあるが，次に定義する $\mathbb{R}^n$ における「直方体」はそのような図形の中で一番基本的な図形である．これが以下の議論の基本単位となる．

定義 1.2　直方体とその体積

$-\infty < a_j \leq b_j < \infty, (j = 1, 2, \ldots, n)$ となる $2n$ 個の実数を用いて

$$\prod_{j=1}^{n} [a_j, b_j) = [a_1, b_1) \times [a_2, b_2) \times \cdots \times [a_n, b_n)$$

と表せる集合全体を $\mathcal{R}$ と表す．この形の集合を一般に直方体という．直方体 $\prod_{j=1}^{n} [a_j, b_j)$ の体積は $\left| \prod_{j=1}^{n} [a_j, b_j) \right| = \prod_{j=1}^{n} (b_j - a_j)$ と定める．

$$\prod_{j=1}^{n}[a_j,b_j) = [a_1,b_1) \times [a_2,b_2) \times \cdots \times [a_n,b_n)$$

とは $a_1 \leq x_1 < b_1,\ a_2 \leq x_2 < b_2,\ \ldots,\ a_n \leq x_n < b_n$ を満たす $(x_1,x_2,\ldots,x_n)$ 全体であるから，後で示すように，直方体の外測度は体積と同じ値になる．$n=1$ のときは体積のことを長さといい，$n=2$ のときは体積のことを面積という．また，$n=1$ のときは直方体のことを区間といい，$n=2$ のときは直方体のことを長方形という．このように次元に応じて，考察しないといけない図形，つまり基本単位の図形の呼称は変わってくる．

例 1.3

$[7,8) \times [9,10]$ は $7 \leq x < 8,\ 9 \leq y \leq 10$ を満たす座標平面上の点 (x,y) 全体のなす集合である．

このような直方体を用いる利点は次の例が示すように，「合体」ができることである．

例 1.4

右半開区間を体積を測る際の基本単位とする理由を考察する．

(1) $[0,1) \times [0,1) \times [0,1) \cup [1,2) \times [0,1) \times [0,1) = [0,2) \times [0,1) \times [0,1)$ である．左辺に現れる 2 つの立方体に共通部分がないことに注意しよう．区間の範囲を，[→ (，] →) に置き換えても対称性から理論構成に影響しないが，ここでは右側の端点を外した直方体を図形の体積を測る基本単位とする．

(2) 閉区間を用いて考えると，集合としては $[0,1] \times [0,1] \times [0,1] \cup [1,2] \times [0,1] \times [0,1] = [0,2] \times [0,1] \times [0,1]$ である．左辺に現

れる2つの立方体の共通部分は $\{1\} \times [0,1] \times [0,1]$ でダブリが生じることに注意しよう．$\{1\} \times [0,1] \times [0,1]$ は厚さがないために，体積が0であると考えることもできる．ルベーグ積分論においては共通部分がないものの和集合の体積はそれぞれの体積の和になるという原則がある．したがって，慎重に扱えば，閉区間で理論を構成できるが，面倒になる場合もあるので，ここでは閉区間は合併をとると重なりが生じるという理由から体積を測る際の基本単位とは見なさない．

(3) 開区間を用いて考えると，$(0,1) \times (0,1) \times (0,1) \cup (1,2) \times (0,1) \times (0,1) = (0,2) \times (0,1) \times (0,1) \setminus \{1\} \times (0,1) \times (0,1)$ であるから和を考えると今度は不足分が生じる．

直方体 R を用いて，長さ，面積，体積を測るルベーグ外測度を定義しよう．定義1.2に従い $|R|$ で直方体 R の体積を表す．$\bigcup_{j=1}^{\infty} A_j$ はある $j = 1, 2, \ldots$ が存在して A_j に含まれる点全体のなす集合，$\bigcap_{j=1}^{\infty} A_j$ はすべての $j = 1, 2, \ldots$ に対して A_j に含まれる点全体のなす集合という意味であったことを復習しておこう．この記号のおかげで開区間から閉区間を作れ，その逆もできるのが重要である．

例1.5

(1) $[0,1] = \bigcap_{j=1}^{\infty} (-j^{-1}, 1 + j^{-1})$ となることからわかるように開区間から閉区間を作れる．

(2) $(0,1) = \bigcup_{j=2}^{\infty} [j^{-1}, 1 - j^{-1}]$ となることからわかるように閉区間から開区間を作れる．

定義 1.6　ルベーグ外測度

$A \subset \mathbb{R}^n$ とする．A のルベーグ外測度 $m^*(A)$ は

$$\inf\left\{\sum_{j=1}^{\infty}|R_j| : \text{各 } R_j \text{ は直方体で}, A \subset \bigcup_{j=1}^{\infty} R_j\right\}$$

で与えられる 0 以上の量である．ただし，∞ になることもある．

本書で定義した直方体から境界の点を全て除いて得られる直方体を開直方体ということにする．$m^*(A)$ の定義を

$$m^*(A) = \inf\left\{\sum_{j=1}^{\infty}|R_j| : A \subset \bigcup_{j=1}^{\infty} R_j, R_j \text{ は開直方体}\right\} \quad (1.1)$$

としてもよい．ただし，$R_j = \prod_{j=1}^{n}(a_{\tilde{j},j}, b_{\tilde{j},j})$ につき，$|R_j| = \prod_{j=1}^{n}(b_{\tilde{j},j} - a_{\tilde{j},j})$ としている．

実際に，任意に $A \subset \bigcup_{j=1}^{\infty} R_j$ となる開直方体 R_j をとったとすると，開直方体の境界 ∂R_j の一部を補うことで得られる直方体 S_j に対して，$\sum_{j=1}^{\infty}|R_j| = \sum_{j=1}^{\infty}|S_j|$，$A \subset \bigcup_{j=1}^{\infty} R_j \subset \bigcup_{j=1}^{\infty} S_j$ となるので，

$$m^*(A) \leq \inf\left\{\sum_{j=1}^{\infty}|R_j| : A \subset \bigcup_{j=1}^{\infty} R_j, R_j \text{ は開直方体}\right\} \quad (1.2)$$

がいえる．(1.2) の逆向きの不等式を示す．$\varepsilon > 0$ を固定する．直方体 R_j に対して，$R_j(\varepsilon)$ を R_j を含む体積が $(1+\varepsilon)|R_j|$ の開直方体のうちの 1 つとする．このような直方体から開直方体への変換を考えることで，

$$m^*(A) \leq (1+\varepsilon)\inf\left\{\sum_{j=1}^\infty |R_j| : A \subset \bigcup_{j=1}^\infty R_j,\ R_j \text{ は開直方体}\right\}$$

となる．$\varepsilon > 0$ は任意であるから，(1.1) が得られる．特に，(1.1) から，$m^*(A) < \infty$ ならば，ある $\varepsilon > 0$ と直方体の可算個の和で表される O が存在して，$A \subset O,\ m^*(O) < m^*(A) + \varepsilon$ が成り立つ．

m^* は集合を数に変換するものである．このような性質をもつものを集合関数という．

次のことは直感的には明らかであろう．ただし，証明は図形のコンパクト性を用いないと厳密にはできない．コンパクト集合とは有界閉集合のことである．

補題 1.7

R を直方体とするとき，$m^*(R) = |R|$ が成り立つ．

[証明] 一般に，直方体 S を中心を保ったまま k 倍に相似拡大して得られる直方体を kS を書くことにする．定義より，$m^*(R) \leq |R|$ は明らかである．仮に，$m^*(R) < |R|$ と仮定すると，$\sum_{j=1}^\infty |R_j| < |R|$, $R \subset \bigcup_{j=1}^\infty R_j$ を満たしている開直方体の列 $\{R_j\}_{j=1}^\infty$ がとれる．すると，ある $\varepsilon \in (0,1)$ が存在して，$\sum_{j=1}^\infty |R_j| < |(1-\varepsilon)R|$ である．$\overline{(1-\varepsilon)R}$ はコンパクトで，$\{R_j\}_{j=1}^\infty$ はその開被覆であるから，ある自然数 N が存在して，$\overline{(1-\varepsilon)R} \subset \bigcup_{j=1}^N R_j,\ \sum_{j=1}^N |R_j| < |(1-\varepsilon)R|$ が成り立つ．ここで，重なりを考えることで（特に $N < \infty$ に注意して）$|(1-\varepsilon)R| \leq \sum_{j=1}^N |R_j|$ がえられるので矛盾である． □

定義から次のことがわかる．

補題 1.8

集合関数 m^* は σ-劣加法的，つまり $j = 1, 2, \ldots$ に対して部分集合 $A_j \subset \mathbb{R}^n$ が与えられたときに，$m^*\left(\bigcup_{j=1}^{\infty} A_j\right) \leq \sum_{j=1}^{\infty} m^*(A_j)$ が成り立つ.

[証明] 背理法で証明しよう．結論を否定するとわかるように $\varepsilon > 0$ が存在して，

$$m^*\left(\bigcup_{j=1}^{\infty} A_j\right) > \varepsilon + \sum_{j=1}^{\infty} m^*(A_j) \tag{1.3}$$

となる．$m^*(A_j)$ の定義で，各 $j \in \mathbb{N}$ に対して，直方体の集まり $\{R_{jk}\}_{k=1}^{\infty}$ で，

$$A_j \subset \bigcup_{k=1}^{\infty} R_{jk}, \; m^*(A_j) + \frac{\varepsilon}{2^j} \geq \sum_{k=1}^{\infty} |R_{jk}| \tag{1.4}$$

を満たすものが存在する．これらの直方体 $R_{j,k}, j, k \in \mathbb{N}$ を用いて

$$m^*\left(\bigcup_{j=1}^{\infty} A_j\right) \leq \sum_{j,k=1}^{\infty} |R_{jk}| \leq \varepsilon + \sum_{j=1}^{\infty} m^*(A_j), \tag{1.5}$$

が得られるが，(1.3), (1.5) は矛盾である． □

問題 1.1

$-\infty < a < b < \infty$ とする．$[a, b]$ の外測度は $b - a$ であることを認めて，$(a, b), (a, b], [a, b)$ の外測度を求めよ．

問題 1.2

$m^*(E) = 0$ となる集合 E を零集合という．$\{N_\lambda\}_{\lambda \in \Lambda}$ を添え字

づけられた零集合の族とする．
(1) $\Lambda = \mathbb{N}$ とすると，$\bigcup_{k=1}^{\infty} N_k$ も零集合であることを示せ．
(2) 一般に $\bigcup_{\lambda \in \Lambda} N_\lambda$ は零集合にならない．その例を作れ．

問題 1.3

次の条件を両立する集合の列 $E_1, E_2, \ldots \subset \mathbb{R}$ を構成せよ．
(A) $E_1 \subset E_2 \subset \cdots$，　(B) $m^*\left(\bigcap_{j=1}^{\infty} E_j\right) = \infty$

1.2　可測集合と可測関数

直方体をいくつかの直方体に分割して考えればわかるように，R_1 と R_2 が共通部分をもたないならば，

$$m^*(R_1 \cup R_2) = m^*(R_1) + m^*(R_2) \tag{1.6}$$

が成り立つ．E_1 と E_2 が互いに交わらないとき，等式

$$m^*(E_1 \cup E_2) = m^*(E_1) + m^*(E_2) \tag{1.7}$$

は別に E_1 と E_2 が直方体のときだけに限らず，円などのほかのよい図形でもよいはずである．ところが，今のところこのような性質や"よい"集合をどのように記述するのかに関して情報がない．アンリー・ルベーグ (Henri Lebesgue) は，この条件をもう少し広げて考えることが重要であると考えた．すなわち，$\{E_j\}_{j=1}^{\infty}$ が互いに交わらないとき，

$$m^*\left(\bigcup_{j=1}^{\infty} E_j\right) = \sum_{j=1}^{\infty} m^*(E_j) \tag{1.8}$$

が成り立たないといけない，というのが彼の主張である．"よい"集合がもっていないといけない性質を定義することから始める．

定義 1.9　ルベーグ可測集合

集合 $E \subset \mathbb{R}^n$ がルベーグ可測であるとは，$m^*(E \cap F) + m^*(E^c \cap F) = m^*(F)$ をすべての $F \subset \mathbb{R}^n$ に対して満たしていることである．

これが当面の"よい"集合の役割を果たす．どうして"よい"のかを次の命題で説明する．

命題 1.10　ルベーグ可測集合の基本性質

可測集合全体のなす集合族は σ-集合体をなす．つまり，
(1) $\emptyset$ はルベーグ可測集合である．
(2) A をルベーグ可測集合とすると，A^c もルベーグ可測集合である．
(3) $\{E_j\}_{j=1}^\infty$ をルベーグ可測集合列とすると，$\bigcup_{j=1}^\infty E_j$ もルベーグ可測集合である．

[証明]　$m^*(\emptyset) = 0$ であるから，$\emptyset$ はルベーグ可測である．A をルベーグ可測集合とすると，A^c もルベーグ可測集合であることも条件式 $m^*(A \cap F) + m^*(A^c \cap F) = m^*(F)$ から従う．つまり，(1) と (2) はほとんど明らかであるが，(3) は自明ではない．すなわち，この積分論における「大発見」である．

まずはルベーグ可測集合 E_1, E_2 に対して，$E_1 \cup E_2$ もルベーグ可測集合であることを示そう．定義に従って，任意の $F \subset \mathbb{R}^n$ に対して，

$$m^*(F \cap (E_1 \cup E_2)) + m^*(F \cap (E_1{}^c \cup E_2{}^c)^c)$$
$$= m^*((F \cap E_1) \cup (F \cap E_2 \cap E_1{}^c)) + m^*(F \cap (E_1{}^c \cap E_2{}^c)^c) \tag{1.9}$$
$$\leq m^*(F \cap E_1) + m^*(F \cap E_2 \cap E_1{}^c) + m^*(F \cap E_1{}^c \cap E_2{}^c) \tag{1.10}$$
$$= m^*(F \cap E_1) + m^*(F \cap E_1{}^c) = m^*(F) \tag{1.11}$$

となる．ここで，次のことを用いている．

- $F \cap (E_1 \cup E_2) = (F \cap E_1) \cup (F \cap E_2 \cap E_1{}^c)$ を用いて等式 (1.9) の導出した．
- 不等式 (1.10) は補題 1.8(m^* の劣加法性) より従う．
- (1.11) の第一の等号は E_2 がルベーグ可測集合であることよりわかる．(1.11) の第二の等号は E_1 がルベーグ可測集合であることより従う．

一方で，補題 1.8 より

$$m^*(F) \leq m^*(F \cap (E_1 \cup E_2)) + m^*(F \cap (E_1 \cup E_2)^c) \tag{1.12}$$

となる．結果として，$E_1 \cup E_2$ もルベーグ可測集合であることを示された．E がルベーグ可測集合ならば，E^c もルベーグ可測集合なので，$E_1 \cap E_2 = (E_1{}^c \cup E_2{}^c)^c$ もルベーグ可測集合である．

もし，ルベーグ可測集合の列 $\{E_j\}_{j=1}^\infty$ が互いに交わらないならば，$\bigcup_{j=1}^\infty E_j$ もルベーグ可測集合であることを示そう．これが示せれば，一般に $\{E_j\}_{j=1}^\infty$ に対して，

$$\bigcup_{j=1}^\infty E_j$$
$$= E_1 \cup (E_2 \cap E_1{}^c) \cup \cdots \cup (E_N \cap E_1{}^c \cap \cdots \cap E_{N-1}{}^c) \cup \cdots$$

より，$\bigcup_{j=1}^{\infty} E_j$ はルベーグ可測となる．少なくとも上の考察と数学的帰納法より $E_1 \cup E_2 \cup \cdots \cup E_N$ はルベーグ可測集合であるから，可測の定義を多用して，

$$m^*\left(F \cap \bigcup_{j=1}^{N} E_j\right) = \sum_{j=1}^{N} m^*(F \cap E_j) \tag{1.13}$$

となる．よって，

$$\sum_{j=1}^{\infty} m^*(F \cap E_j) = \lim_{N \to \infty} \sum_{j=1}^{N} m^*(F \cap E_j)$$
$$= \lim_{N \to \infty} m^*\left(\bigcup_{j=1}^{N} F \cap E_j\right) \leq m^*\left(\bigcup_{j=1}^{\infty} F \cap E_j\right)$$

が得られる．ここで，再び補題 1.8 より，逆側の不等式が得られる．以上より，

$$\sum_{j=1}^{\infty} m^*(F \cap E_j) = m^*\left(F \cap \left(\bigcup_{j=1}^{\infty} E_j\right)\right). \tag{1.14}$$

となる．ここで，$C = \left(\bigcup_{j=1}^{\infty} E_j\right)^c$ とすると，(1.14) より，

$$m^*(F) \leq m^*(F \cap C) + m^*\left(F \cap \left(\bigcup_{j=1}^{\infty} E_j\right)\right)$$
$$= m^*(F \cap C) + \sum_{j=1}^{\infty} m^*(F \cap E_j) \tag{1.15}$$

となる．ここで，$\sum_{j=1}^{\infty} m^*(F \cap E_j) = \lim_{N \to \infty} \sum_{j=1}^{N} m^*(F \cap E_j)$ だから，(1.15) と等式 (1.13) によって

$$m^*(F) \leq m^*(F \cap C) + \lim_{N \to \infty} \sum_{j=1}^{N} m^*(F \cap E_j)$$
$$= \lim_{N \to \infty} \left\{ m^*(F \cap C) + \sum_{j=1}^{N} m^*(F \cap E_j) \right\}$$
$$\leq \lim_{N \to \infty} m^* \left(\left\{ F \cap \bigcup_{j=1}^{N} E_j \right\} \cup \left\{ F \cap \left(\bigcup_{j=1}^{N} E_j \right)^c \right\} \right)$$
(1.16)

となる．最右辺は集合の包含関係から $m^*(F)$ 以下である．よって，(1.16) における $\leq$ は実際には等号である．したがって，特に (1.15) における $\leq$ も等号なので，$\bigcup_{j=1}^{\infty} E_j$ はルベーグ可測集合である．よって，命題は示された． □

一部重複するが，重要な用語や記号を改めてまとめておこう．

定義 1.11 零集合，ルベーグ可測集合，ルベーグ σ-集合体

$E \subset \mathbb{R}^n$ とする．

(1) $m^*(E) = 0$ となるとき E を零集合という（問題 1.2 参照）．

(2) すべての $\mathbb{R}^n$ の部分集合 F に対して，

$$m^*(F) = m^*(F \cap E) + m^*(F \cap E^c)$$

が成り立つとき，E をルベーグ可測集合，もしくはルベーグ集合という．$\mathcal{L}$ でルベーグ可測集合全体のなす集合族を表し，ルベーグ σ-集合体，ルベーグ σ-代数，もしくはルベーグ集合族という．

(3) E がルベーグ可測集合の場合は $m^*(E)$ の $*$ を省略して $m(E)$，もしくは $|E|$ と表すことにする．

この定義を与えたところで読者は何がルベーグ可測集合かいまいちわからないかもしれないが，後で示すようにほとんどすべての卑近な集合がルベーグ可測であるがルベーグ可測ではない集合が存在することに注意しよう（章末問題 1.6 を参照のこと）．

命題 1.10 の長い証明からわかるルベーグ測度の重要な性質をまとめておこう．

定理 1.12 **集合関数 m の σ-加法性**

集合関数 m は σ-加法的である．つまり，$\{E_j\}_{j=1}^{\infty}$ が互いに交わらないルベーグ可測集合の列ならば，

$$\sum_{j=1}^{\infty} m(E_j) = m\left(\bigcup_{j=1}^{\infty} E_j\right) \tag{1.17}$$

となる．

[証明] 命題 1.10 において，$\bigcup_{j=1}^{\infty} E_j$ もルベーグ可測であることは示した．(1.15) は等式であることを示したので，

$$m^*(F) = m^*(F \cap C) + \sum_{j=1}^{\infty} m^*(F \cap E_j) \tag{1.18}$$

となる．この等式 (1.18) において，特に $E = \bigcup_{j=1}^{\infty} E_j$ とすれば，m^* の引数 (中身) がすべてルベーグ可測になるので，m^* を m で置き換えることができ，(1.17) が従う． □

ルベーグ可測集合は"よい"集合であると述べたが，さらにルベーグ可測集合よりも"よい"集合に関して考察する．定義からだけだと，どの集合がルベーグ可測集合になるのかわかりにくい．おそらく，唯一の例外は直方体であろう．しかし，直方体以外にもい

ろいろな図形があるので，どの集合がルベーグ可測かを判定できない．そこで逆の立場をとる．一つ用語を用意する．

定義 1.13 **σ-集合体，可測空間**

集合 X と X の部分集合の族 $\mathcal{M}$ が次の条件を満たしているとき，$\mathcal{M}$ を **σ-集合体**，もしくは **σ-代数**という．
(1) $\emptyset \in \mathcal{M}$ である．
(2) $A \in \mathcal{M}$ ならば，$A^c \in \mathcal{M}$ である．
(3) $A_1, A_2, \ldots \in \mathcal{M}$ のとき，$\bigcup_{j=1}^{\infty} A_j \in \mathcal{M}$ である．

$(X, \mathcal{M})$ の対を**可測空間**という．

つまり，直方体は「自明によい」集合だとして，σ-集合体の条件からどのような集合がルベーグ可測であるかを考えるのである．このような観点から作られるのが，ボレル (Borel)(可測) 集合である (ボレルは人名である)．本書ではボレル集合を**可測集合**，**ボレル可測集合**などともいうことにする．ボレル集合とは，以下の条件を満たす $\mathbb{R}^n$ の部分集合の満たす性質 $\mathcal{P}$ をすべて満たしているような集合である．
(1) $\mathbb{R}^n$ 自体は性質 $\mathcal{P}$ を満たしている．
(2) 直方体はすべて性質 $\mathcal{P}$ を満たしている．
(3) $\mathbb{R}^n$ の部分集合 A が性質 $\mathcal{P}$ を満たしていれば，その補集合 A^c も性質 $\mathcal{P}$ を満たしている．
(4) $\mathbb{R}^n$ の部分集合 A, B が性質 $\mathcal{P}$ を満たしていれば，それらの和集合 $A \cup B$ も性質 $\mathcal{P}$ を満たしている．
(5) $\mathbb{R}^n$ の互いに交わらない部分集合の列 $\{A_j\}_{j=1}^{\infty}$ が性質 $\mathcal{P}$ を満たしていれば，それらの和集合 $\bigcup_{j=1}^{\infty} A_j$ も性質 $\mathcal{P}$ を満たす．

(1),(3) から空集合も性質 $\mathcal{P}$ を満たし，さらに $A \cap B = (A^c \cup B^c)^c$ も性質 $\mathcal{P}$ を満たす．

ここで重要なのは，性質 $\mathcal{P}$ が何かがわからないことである．ここでは，性質 $\mathcal{P}$ の例として，"$\mathcal{P}$ は $\mathbb{R}^n$ の部分集合である．" という性質が挙げられることを指摘しておくにとどめる．性質 $\mathcal{P}$ というのは一般にはわかりにくいかもしれないが，$\mathbb{R}^n$ の部分集合全体から，2 点集合 $\{T, F\} = \{\text{true}, \text{false}\}$ への写像 $\mathcal{T}$ で，次の条件を満たしているものと考えてもよいであろう．

(1) $\mathcal{T}(\mathbb{R}^n) = T$.
(2) 直方体 R に対して，$\mathcal{T}(R) = T$.
(3) $\mathcal{T}(A) = T$ を満たす $A \subset \mathbb{R}^n$ に対し，$\mathcal{T}(A^c) = T$ が成り立つ．
(4) $A, B \subset \mathbb{R}^n$ が $\mathcal{T}(A) = \mathcal{T}(B) = T$ ならば，$\mathcal{T}(A \cup B) = T$ が成り立つ．
(5) $j = 1, 2, \ldots$ に対して $\mathcal{T}(A_j) = T$ が成り立つような $\mathbb{R}^n$ の互いに交わらない $\mathbb{R}^n$ の部分集合の列 $\{A_j\}_{j=1}^{\infty}$ に対して，
$$\mathcal{T}\left(\bigcup_{j=1}^{\infty} A_j\right) = T \text{ が成り立つ．}$$

これらの条件を満たす $\mathcal{T}$ の全体を $\mathcal{V}$ と表すことにすると，

$$\mathcal{B} = \{A \subset \mathbb{R}^n : \text{すべての } \mathcal{T} \in \mathcal{V} \text{ に対して，} \quad \mathcal{T}(A) = T\}$$

ということができる．

定義から次のことは明らかである．

命題 1.14

$\mathbb{R}^n$ の部分集合に関する性質 $\mathcal{P}$ が次の条件を満たしているとする．

(1) $\mathbb{R}^n$ 自体は性質 $\mathcal{P}$ を満たしている．
(2) 直方体はすべて性質 $\mathcal{P}$ を満たしている．

(3) $\mathbb{R}^n$ の部分集合 A が性質 $\mathcal{P}$ を満たしていれば，その補集合 A^c も性質 $\mathcal{P}$ を満たしている．

(4) $\mathbb{R}^n$ の部分集合 A, B が性質 $\mathcal{P}$ を満たしていれば，それらの和集合 $A \cup B$ も性質 $\mathcal{P}$ を満たしている．

(5) $\mathbb{R}^n$ の互いに交わらない部分集合の列 $\{A_j\}_{j=1}^{\infty}$ が性質 $\mathcal{P}$ を満たしていれば，それらの和集合 $\bigcup_{j=1}^{\infty} A_j$ も性質 $\mathcal{P}$ を満たしている．

このとき，ボレル集合は性質 $\mathcal{P}$ を満たしている．

命題 1.15　ボレル集合の基本性質 I

$\mathbb{R}^n$ のボレル可測集合の性質として次のものが挙げられる．

(1) $\mathbb{R}^n$ はボレル可測である．
(2) 直方体はボレル可測である．
(3) A がボレル可測であるなら，A^c もボレル可測である．
(4) A, B がボレル可測であるなら，$A \cup B$ もボレル可測である．
(5) $\mathbb{R}^n$ の部分集合の列 $\{A_j\}_{j=1}^{\infty}$ が互いに交わらないボレル可測集合の列ならば，$\bigcup_{j=1}^{\infty} A_j$ もボレル可測である．

[証明]　$\mathbb{R}^n$ がボレル可測であることの証明をしよう．他の証明も同じである．命題 1.14 にあるような性質 $\mathcal{P}$ があったとする．すると，$\mathbb{R}^n$ は性質 $\mathcal{P}$ を満たしているから，ボレル集合の定義によって，$\mathbb{R}^n$ はボレル可測である． □

ボレル可測性に関してもう少し調べておこう．

命題 1.16 ボレル集合の基本性質 II

(1) $\emptyset$ はボレル可測集合である.

(2) $\mathbb{R}^n$ の部分集合の列 $\{A_j\}_{j=1}^{\infty}$ がボレル可測であるならば，$\bigcup_{j=1}^{\infty} A_j, \bigcap_{j=1}^{\infty} A_j$ もボレル可測である.

(3) 開集合，閉集合はボレル可測である.

[証明]

(1) 命題 1.15 と $\emptyset = (\mathbb{R}^n)^c$ より明らかである.

(2) 命題 1.15 と $\bigcup_{j=1}^{\infty} A_j = A_1 \cup \bigcup_{j=2}^{\infty}(A_j \cap A_1{}^c \cap \cdots \cap A_{j-1}{}^c)$ より，$\bigcup_{j=1}^{\infty} A_j$ はボレル可測である. また，$\bigcap_{j=1}^{\infty} A_j = \left(\bigcup_{j=1}^{\infty} A_j{}^c\right)^c$ より，$\bigcup_{j=1}^{\infty} A_j$ はボレル可測である.

(3) U を開集合とする. $x \in U$ とすると，x を含む直方体が U 内に存在する. 直方体の端点の座標はすべて有理数であるとしてよい. したがって，U は可算個の直方体の合併として書かれる. よって，U はボレル可測である. 閉集合の補集合は開集合であるから，閉集合はボレル可測である. □

ボレル可測集合の性質は多くて覚えるのが大変であるが，要するに可算無限にまつわる集合演算の性質が片っ端から成り立つと心得ておけば十分である.

以後，ボレル可測集合はルベーグ可測集合だからボレル可測集合 A に対して，$m^*(A) = m(A)$ と $*$ を外して書くことにする. $m^*(A) = |A|$ とも書く場合が多い. ルベーグ外測度とルベーグ測度の唯一の違いは定義域である.

次の判定法はいろいろなところで役に立つ．一般に集合族とは集合からなる集合である．例えば直方体は集合であるから，直方体全体からなる $\mathcal{R}$ は集合族である．

定理 1.17 π-λ 原理

$\mathcal{R} \subset \mathcal{A} \subset \mathcal{B}$ を満たしている集合族 $\mathcal{A}$ が次の条件を満たしているとする．

(i) $A, B \in \mathcal{A}$ かつ $A \subset B$ ならば，$B \setminus A \in \mathcal{A}$ である．

(ii) 集合の列 $\{A_j\}_{j=1}^\infty \subset \mathcal{A}$ が $A_1 \subset A_2 \subset \cdots$ を満たすならば，$\displaystyle\bigcup_{j=1}^\infty A_j \in \mathcal{A}$ が成り立つ．

このとき，$\mathcal{A} = \mathcal{B}$ が成り立つ．

[証明] $\mathcal{A}$ のように (i) と (ii) を満たしている $\mathcal{R}$ と $\mathcal{B}$ の間の集合族すべての共通部分を考えることで，$\mathcal{A}$ は次の性質を満たしていると考えてよい．

(iii) $\mathcal{R} \subset \mathcal{A}' \subset \mathcal{B}$ を満たしている集合族 $\mathcal{A}'$ が次の条件を満たしているとする．

(i)' $A, B \in \mathcal{A}'$ かつ $A \subset B$ ならば，$B \setminus A \in \mathcal{A}'$ である．

(ii)' 集合の列 $\{A_j\}_{j=1}^\infty \subset \mathcal{A}'$ が $A_1 \subset A_2 \subset \cdots$ を満たすならば，$\displaystyle\bigcup_{j=1}^\infty A_j \in \mathcal{A}'$ が成り立つ．

このとき，$\mathcal{A}' \supset \mathcal{A}$ が成り立つ．

(ii) と $\mathcal{R} \subset \mathcal{A}$ から，$\mathbb{R}^n = \displaystyle\bigcup_{j=1}^\infty [-j, j)^n \in \mathcal{A}$ が得られる．これと (i) を組み合わせると，$B = \mathbb{R}^n$ とすることで，$A \in \mathcal{A}$ のときに，$A^c \in \mathcal{A}$ が得られる．したがって，σ-集合体として要求されている残りひとつの性質

(iv) $A \in \mathcal{A}$ とする. $B \in \mathcal{A}$ ならば, $A \cup B \in \mathcal{A}$

を示せば, $\mathcal{A} = \mathcal{B}$ が得られる. とりあえず, (iv) より弱い

(v) $R \in \mathcal{R}$ とする. $B \in \mathcal{A}$ ならば, $A \cup B \in \mathcal{A}$

を示そう. $\mathcal{A}_R = \{B \in \mathcal{B} : R \cup B \in \mathcal{A}\}$ とする. $\mathcal{A}_R$ は $\mathcal{R} \subset \mathcal{A}_R \subset \mathcal{B}$ と条件 (i)′, (ii)′ を満たしているから, 条件 (iii) から, $\mathcal{R}_A \supset \mathcal{A}$ となる. ゆえに (v) が示された.

(iv) を示そう. $\mathcal{A}_A = \{B \in \mathcal{B} : A \cup B \in \mathcal{A}\}$ とする. (v) が示されているから, $\mathcal{R} \subset \mathcal{A}_A$ である. やはり, $\mathcal{A}_A$ も (i)′, (ii)′ を満たしているから, 条件 (iii) より, $\mathcal{A}_A \supset \mathcal{A}$ となる. したがって, (iv) が示された. □

ボレル集合はルベーグ可測集合であるので, 定理 1.12 より次のことが従う.

系 1.18 **集合の単調収束定理**

$\{B_j\}_{j=1}^{\infty}$ がボレル集合の (包含関係に関しての) 増大列であるならば, つまり, $B_1 \subset B_2 \subset \cdots$ ならば,

$$\lim_{j \to \infty} m(B_j) = m\left(\bigcup_{j=1}^{\infty} B_j\right) \tag{1.19}$$

となる.

系 1.18 から次の系が新たに従う. また, ボレル集合をルベーグ集合に置き換えることもできる.

系 1.19

ボレル集合列 $\{A_j\}_{j=1}^{\infty}$ がもし

$$m(A_1) < \infty, \ A_1 \supset A_2 \supset \cdots \supset A_j \supset \cdots \qquad (1.20)$$

を満たすならば，$\displaystyle\lim_{j \to \infty} m(A_j) = m\left(\bigcap_{j=1}^{\infty} A_j\right)$ となる．

各 $j \in \mathbb{N}$ に対して，$A_j = (j, \infty)$ とすればわかるように，(1.20) における条件 $m(A_1) < \infty$ は外せない．慣れないうちは $m(A_1) < \infty$ を見落として議論をしがちなので気をつけよう．

[証明] $D_j = A_1 \setminus A_j$ とおくと $A_1 \setminus \bigcap_{j=1}^{\infty} A_j = \bigcup_{j=1}^{\infty} D_j$ となる．$m(A_1) < \infty$ だから，$m\left(\bigcap_{j=1}^{\infty} A_j\right) < \infty$ となる．よって，

$$m(A_1) - m\left(\bigcap_{j=1}^{\infty} A_j\right) = m\left(\bigcup_{j=1}^{\infty} D_j\right) \qquad (1.21)$$

が成り立つ．仮定と系 1.18 より，

$$m(A_1) - m\left(\bigcap_{j=1}^{\infty} A_j\right) = \lim_{j \to \infty} m(D_j) = m(A_1) - \lim_{j \to \infty} m(A_j)$$

となる．移項すると結論が得られる． □

ボレル集合の定義を言い換えると，次のようになる．

定義 1.20　ボレル集合

直方体全体を含む最小の σ-集合体をボレル集合族，もしくはボレル σ-集合体といい，その構成している集合をボレル集合という．

ボレル集合を"直方体全体を含む最小の σ-集合体"という側面から眺めてみよう．$\mathbb{R}^n$ のべき集合 $2^{\mathbb{R}^n}$ は確かに σ-集合体になるので，$\mathcal{R}$ を含む σ-集合体が少なくとも一つ存在する．そこで，$\mathcal{M}$ を $\mathcal{R} \subset \mathcal{M}$ となる σ-集合体とし，その共通部分をとることで得られるものとする．つまり，

$$\mathcal{M} = \cap \{ \mathcal{V} : \mathcal{V} \text{ は } \mathcal{R} \subset \mathcal{V} \text{ となる } \sigma\text{-集合体} \}$$

とすると，$\mathcal{M}$ は $\mathcal{R}$ を含む最小の σ-集合体となるので，$\mathcal{M} = \mathcal{B}$ であると言える．

命題 1.10 と同じ方法で，$\mathcal{B}$ も σ-集合体であることが示される．$\mathcal{R}$ は $\mathcal{B}$ に含まれ，$\mathcal{B}$ は $\mathcal{L}$ に含まれる．より詳しく，

$$\mathcal{R} \subsetneq \mathcal{B} \subsetneq \mathcal{L}$$

である．円，正確には円周はボレル可測集合であるから，最初の包含が真の包含であるのは明らかであろう．第二の包含が真の包含であるのを示すのは容易ではない．例 1.23 を参照のこと．

以下の表は，集合と集合族の関係をまとめた表である．

表 1-1　集合と集合族

集合	集合族
開集合	開集合系 開集合族
ボレル集合 ボレル可測集合	ボレル σ-集合体 ボレル集合体
ルベーグ集合 ルベーグ可測集合	ルベーグ σ-集合体 ルベーグ集合体

最後にルベーグ測度のアフィン変数変換公式を示しておこう．

命題 1.21　ルベーグ測度のアフィン変数変換公式

$a \in \mathbb{R} \setminus \{0\}$, $b \in \mathbb{R}^n$ とする．$x \mapsto ax + b$ で与えられる $\mathbb{R}^n$ の変換を $A_{a,b}$ と表すことにする．このとき，ルベーグ可測集合 E に対して，$A_{a,b}(E)$ は可測で，$|A_{a,b}(E)| = |a|^n |E|$ が成り立つ．

[証明]　開直方体 $R \subset \mathbb{R}^n$ に対して，$A_{a,b}(R)$ は体積が $|a|^n |R|$ となる開直方体だから，一般の集合 $G \subset \mathbb{R}^n$ に対して，

$$m^*(A_{a,b}(G)) = |a|^n m^*(G) \tag{1.22}$$

が成り立つ．任意の部分集合 $F \subset \mathbb{R}^n$ に対して，

$$\begin{aligned}
&m^*(F \cap A_{a,b}(E)) + m^*(F \cap A_{a,b}(E)^c) \\
&= |a|^n \left(m^*(A_{a,b}^{-1}(F) \cap E) + m^*(A_{a,b}^{-1}(F) \cap E^c) \right) \\
&= |a|^n m^*(A_{a,b}^{-1}(F)) \\
&= m^*(F)
\end{aligned}$$

となり，$A_{a,b}(E)$ はルベーグ可測である．

よって，(1.22) から，$|A_{a,b}(E)| = |a|^n |E|$ が得られる．□

例 1.22

$g : \mathbb{R} \to [0, 1]$ が広義単調増加連続関数，S がボレル可測ならば，$g(S)$ もボレル可測であることを示そう．

$$\mathcal{D} = \{A \in 2^{\mathbb{R}} : g(A) \in \mathcal{B}\}$$

とおく．区間は g で移しても単調増大性と連続性によって区間であるから g による区間の像はボレル可測集合である．$g(A)$ がボレル可測集合であるならば，その補集合 $g(A^c) = [0, 1] \setminus g(A)$ もボレル可測集合である．$g(A_1), g(A_2), \ldots$ がボレル可測集合な

らば，$g(A_1 \cup A_2 \cup \cdots) = g(A_1) \cup g(A_2) \cup \cdots$ もボレル可測集合である．以上の考察から，$\mathcal{D}$ は区間をすべて含む σ-集合体で，$\mathcal{B}$ はそのような区間をすべて含む最小の σ-集合体であるから，$\mathcal{D}$ は $\mathcal{B}$ を含む．つまり，$S \in \mathcal{B}$ であるから，$S \in \mathcal{D}$ となり，$g(S) \in \mathcal{B}$ となる．

以上の証明では S の中身を詳しく調べなかった．つまり，S が登場したのは最後だけである．この証明のように，σ-集合体についての証明は対象としている集合の内部を調べないことが多い．

例 1.23 ルベーグ可測であるが，ボレル非可測な集合の構成

以下の方法で，集合 $A_n, n \in \mathbb{N}$ を構成すると，ある n に対しては A_n ルベーグ可測であるが，ボレル非可測である．

- $f_n : [0,1] \to [0,1]$ は $\mathbb{R}^2$ における $(1,1)$ と
$$\left(\sum_{j=1}^n \frac{a_j}{3^j}, \sum_{j=1}^n \frac{a_j}{2^{j+1}} \right), \quad a_1, a_2, \ldots, a_n \in \{0, 2\}$$
と表される $2^n + 1$ 個の点を x 座標が小さい順番に直線で結んで得られる折れ線のグラフであるとする．

- 後で示すように $|f_n(x) - f_{n+1}(x)| \leq 2^{-n-1}$, $x \in [0,1]$ であるので，関数列 $\{f_n\}_{n=1}^\infty$ は連続関数 f に一様収束する．

- この f を用いて，関数 $g_\lambda : [0,1] \to [0,1]$ を
$$g_\lambda(x) = \lambda x + (1 - \lambda) f(\max(0, \min(1, x)))$$
で定義する．

- 集合 N_n, N を $N_n = \{x \in [0,1] : 2^n f_n(x) \in \mathbb{Z}\}$, $N = \bigcup_{n=1}^\infty N_n$ で定義する．

- $E \subset [0,1]$ をルベーグ非可測集合とする．$M_\lambda = g_\lambda(N)$ とおいて，$n = 1, 2, \ldots$ に対して，$A_n = g_{2^{-n}}^{-1}(E \setminus M_{2^{-n}})$ とする．

$\{f_n\}_{n=1}^\infty$ は一様収束して，すべての n について A_n の測度は 0 であるが，ある n に対しては A_n はボレル可測ではない．これらのことを示そう．

(1) N_n は $\{0\}$ と $\{1\}$ と $1+2+\cdots+2^{n-1} = 2^n-1$ 個の閉区間の和集合である．f_n は N_n を構成するこれらの区間上で，定数関数である．これらの区間を除くと，長さ 3^{-n} の開区間が 2^n 個現れる．これらの長さ 3^{-n} の開区間の両端では f_n の値は 2^{-n} だけ違う．$f_{n+1}(x) \neq f_n(x)$ とすると，少なくとも，$x \in [0,1] \setminus N_n$ である．したがって，後者の 2^n 個の開区間のどれかひとつに属している．その区間を $J = (a,b)$ と表すと，$a < x < b$ のとき，

$$f_n(x), f_{n+1}(x) \in [f_n(a), f_n(b)] = [f_n(a), f_n(a)+2^{-n}]$$

だから，不等式 $|f_{n+1}(x) - f_n(x)| \leq 2^{-n}$ が得られる．$f_0(x) + (f_1(x)-f_0(x)) + (f_2(x)-f_1(x)) + \cdots$ と変形してワイエルストラス判定法を用いることで，$\{f_n\}_{n=1}^\infty$ は $[0,1]$ 上 f に一様収束するとわかる．

(2) 任意の $n \in \mathbb{N}$ に対して，

$$1 \geq |N| \geq |N_n| = \frac{1}{3} + \frac{2}{9} + \frac{4}{27} + \cdots + \frac{2^{n-1}}{3^n} = 1 - \frac{2^n}{3^n}$$

である．極限をとって，$|N| = 1$ が得られる．

(3) M_λ の測度は λ であることを示そう．特に，このことから $M_0 = \bigcap_{n=1}^\infty M_{2^{-n}}$ は零集合である．f_n は V_n を構成する各の区間上で，定数関数であるが，この区間での g_λ の傾きは λ である．よって，$|g_\lambda(V_n)| = |V_n| \times \lambda$ となる．$n \to \infty$ とすると，$|M_\lambda| = \lambda$ が得られる．

(4) $A_n \subset g_{2^{-n}}^{-1}([0,1] \setminus M_{2^{-n}}) \subset [0,1] \setminus N$ を用いると，A_n の外測度は 0 であるとわかる．仮にすべての A_n がボレル可測であるとすると，$E \setminus M_{2^{-n}} = g_{2^n}(A_n)$ はボレル可測である．n に

関する和集合をとって，$E\setminus M_0$ もボレル可測になる．$E\cap M_0$ は測度 0 であるので，$E\cap M_0$ はルベーグ可測である．したがって，$E = (E\cap M_0)\cup(E\setminus M_0)$ もルベーグ可測となるが，これは E がルベーグ非可測であることに矛盾している．

ここでは積分を定義できるような関数を考察する．

$[0,\infty]$ とは 1 点集合 $\{\infty\}$（無限大がなす 1 点集合）と $[0,\infty)$ の和集合として定義する．$[-\infty,\infty]$ なども類似の定義を与える．

このように数直線に $\pm\infty$ を補うことで，$[-\infty,\infty]$ に値をとる関数を考えることができる．

定義 1.24　ボレル可測関数，ボレル単関数

E をボレル可測集合とする．

(1) 一般に χ_A（カイエーと読む）は集合 A の特性関数を表す．すなわち，もし $x \in A$ ならば，$\chi_A(x) = 1$ で，そうではないときには，$\chi_A(x) = 0$ とする．

(2) $f : E \to [-\infty,\infty]$ がボレル可測関数であるとは，各 $\lambda \in \mathbb{R}$ に対して，$\{f > \lambda\} = f^{-1}((\lambda,\infty)) = \{x \in E : f(x) > \lambda\}$ がボレル可測集合となることである．

(3) ルベーグ可測関数も同様に定める．可測関数はボレル可測関数，ルベーグ可測関数の総称である．

(4) 有限個の $a_1, a_2, \ldots, a_N \in \mathbb{R}$ とそれと同数なボレル可測集合の有限列 $\{E_j\}_{j=1}^{N}$ を用いて $f = \displaystyle\sum_{j=1}^{N} a_j \chi_{E_j}$ と表せる関数 $f : \mathbb{R}^n \to \mathbb{R}$ をボレル単関数という．このような表し方を (ここでは)f の許容表現という．「ボレル」を「ルベーグ」に置き換えることで，ルベーグ単関数も定義できる．ボレル単関数とルベーグ単関数を総称して，単関数という．

単関数は特殊な関数である．実際に，とりうる値が 0 と有限個の実数だけだからである．もちろん，多項式関数は定数関数ではない限りこのようなことはないので，それよりも広い概念のルベーグ可測関数というものが生まれたと考えてよい．単関数の定義において $\{E_j\}_{j=1}^N$ を分割して考えることで $\{E_j\}_{j=1}^N$ は互いに交わらないとしてよい．

実際に関数が与えられたときに，それが可測であることを判定してみよう．

例 1.25

$x \in \mathbb{R}$ に対し $f(x) = x^4 - 2x^2 + 1$ とする．不等式 $f(x) > \lambda$ を解くことにより，$\{f > \lambda\}$ は次のようになる．

(1) $\lambda < 0$ のときは，不等式の解は任意である．つまり，$\{f > \lambda\} = \mathbb{R}$ である．

(2) $\lambda = 0$ のときは，不等式の解は $x \neq \pm 1$ である．したがって，$\{f > \lambda\} = (-\infty, -1) \cup (-1, 1) \cup (1, \infty)$ である．

(3) $0 < \lambda < 1$ のときは，$x < -\sqrt{1+\lambda}$ または $-\sqrt{1-\lambda} < x < \sqrt{1-\lambda}$ または $x > \sqrt{1+\lambda}$ である．したがって，

$$\{f > \lambda\} = (-\infty, -\sqrt{1+\lambda}) \\ \cup (-\sqrt{1-\lambda}, \sqrt{1-\lambda}) \cup (\sqrt{1+\lambda}, \infty)$$

である．

(4) $\lambda = 1$ のときは，不等式の解は $x > \sqrt{2}$ または $x < -\sqrt{2}$．したがって，$\{f > \lambda\} = (-\infty, -\sqrt{2}) \cup (\sqrt{2}, \infty)$ である．

(5) $\lambda > 1$ ならば，不等式の解は $x < -\sqrt{1+\lambda}$, または $x > \sqrt{1+\lambda}$ だから，$\{f > \lambda\} = (-\infty, -\sqrt{1+\lambda}) \cup (\sqrt{1+\lambda}, \infty)$ である．

以上，すべての場合において，$\{f > \lambda\}$ は区間の高々可算の和として表現されているから，f はボレル可測関数である．

一般的に f がボレル可測関数であるということは，一つ一つの実数 λ に対して，$\{f > \lambda\}$ を考察した結果，どんな実数 λ に対しても $\{f > \lambda\}$ がボレル可測集合であることがわかるということである．次の定理は単純であるが，心得ておくと先の理解が進むであろう．

定理 1.26　連続関数のボレル可測性
連続関数はボレル可測である．

[証明] 位相空間の一般論により，f を連続関数とすると，$\{f > \lambda\}$ は開集合であるから，ボレル可測集合である． □

可測関数といった場合は特にルベーグ，ボレルどちらかの意味で使われるが，混同しても差し支えがない場合が多い．

ボレルという言葉は関数と集合に対して用いる．ボレル関数の性質に関してまとめておこう．補題 1.27 と定理 1.28 は "ボレル可測" を "ルベーグ可測" と置き換えても成立する．実数列 $\{a_j\}_{j=1}^{\infty}$ に対して，その下極限 $\liminf_{j\to\infty} a_j$ は $\liminf_{j\to\infty} a_j \equiv \lim_{k\to\infty}\left(\inf_{j\in\mathbb{Z}\cap[k,\infty)} a_j\right)$ で定義される．また，上極限 $\limsup_{j\to\infty} a_j$ は $\limsup_{j\to\infty} a_j = \lim_{k\to\infty}\left(\sup_{j\in\mathbb{Z}\cap[k,\infty)} a_j\right)$ で与えられ，$\lim_{j\to\infty} a_j$ はこれらの値が一致するときにその値をもって与える．

補題 1.27　ボレル可測関数の基本性質
ボレル可測集合 E から $[-\infty, \infty]$ への関数について，次の性質が成り立つ．

(1) f を可測とするとき，$\{f < \lambda\} = f^{-1}((-\infty, \lambda))$ はボレル可測集合である．

(2) f, g をボレル可測関数とするとき，和 $f + g$, 積 $f \cdot g$ はボレル可測である．ただし，$f \cdot g$ は定義されているものとする．

(3) $\{f_j\}_{j=1}^\infty$ をボレル可測関数列とするとき，$\sup\limits_{j \in \mathbb{N}} f_j$ はボレル可測である．$\inf\limits_{j \in \mathbb{N}} f_j, \limsup\limits_{j \to \infty} f_j, \liminf\limits_{j \to \infty} f_j$, もボレル可測である．$\lim\limits_{j \to \infty} f_j$ が存在すれば，$\lim\limits_{j \to \infty} f_j$ もボレル可測である．

[証明]
(1) $\{f < \lambda\} = f^{-1}((-\infty, \lambda))$ は $(-\infty, \lambda) = \bigcup\limits_{j=1}^\infty \left(-\infty, \lambda - \dfrac{1}{j}\right]$ を用いて，

$$\{f < \lambda\} = \bigcup_{j=1}^\infty \left\{f \leq \lambda - \frac{1}{j}\right\} = \bigcup_{j=1}^\infty \left\{f > \lambda - \frac{1}{j}\right\}^c$$

と変形される．最後の表示を見ればわかるように，$\{f < \lambda\}$ はボレル可測である．

(2) $\lambda \in \mathbb{R}$ とすると，$\{f + g > \lambda\} = \bigcup\limits_{q \in \mathbb{Q}} \{f > q\} \cap \{g > \lambda - q\}$ が成り立つ．よって，$f + g$ は可測である．また，h を可測とするとき，

$$\{h^2 > \lambda\} = \begin{cases} \{h > \sqrt{\lambda}\} \cup \{h < -\sqrt{\lambda}\} & (\lambda \geq 0) \\ \mathbb{R} & (\lambda < 0) \end{cases}$$

だから，h^2 も可測である．よって，恒等式 $f \cdot g = \dfrac{1}{2}(f + g)^2 - \dfrac{1}{2}f^2 - \dfrac{1}{2}g^2$ より，$f \cdot g$ のボレル可測性が得られる．

(3) $\left\{\sup\limits_{j \in \mathbb{N}} f_j > \lambda\right\} = \bigcup\limits_{j=1}^\infty \{f_j > \lambda\}, \left\{\inf\limits_{j \in \mathbb{N}} f_j > \lambda\right\} = \bigcup\limits_{l=1}^\infty \bigcap\limits_{j=1}^\infty \left\{f_j > \lambda + \dfrac{1}{l}\right\}$ より明らかである． □

正値関数とは，$[0,\infty]$ に値をとる関数のことである．ルベーグ積分における基本的な考え方の一つとして，値域を近似するという考え方があるが，次の定理もその考えに立脚したものである．

定理 1.28　単関数による下からの近似

$\mathbb{R}^n$ で定義された正値ボレル可測関数は正値ボレル単関数 $\{f_j\}_{j=1}^{\infty}$ の単調増大極限として表される．

[証明]　実数 $a \in \mathbb{R}$ に対して，a 以下の最大の整数を $[a]$ と書き，a のガウス記号という．各 $j \in \mathbb{N}$ に対して，f_j をガウス記号を用いて

$$f_j(x) = \chi_{\{|x| \leq j\}}(x) 2^{-j}[2^j \min(j, f(x))] \ (x \in \mathbb{R}^n)$$

と定義すればよい．　□

　高校で学習したことによると，積分とは不定積分を求めてから上端と下端の差を考える演算であるというイメージがあったかもしれない．これはいわゆる区間での積分に相当する．さらに学び進めると，無限に広がっている区間での積分や円形領域での積分など領域をいろいろと変更して積分ができることがわかったと思う．ここで考える積分は大雑把にいって，後者のいろいろな領域での積分を考えていることに相当する．また，リーマン積分を考えるときには不定積分という概念は相当理論を発展させてから出てきた．実際に，不定積分は「逆微分」として微分の逆とみられる．定積分との関係は後になって示される．ルベーグ積分においてもこの状況は変わらず不定積分を経由して計算することは当面の間は考えず，具体的な積分値を必要とするときに不定積分の計算を活用することになる．

問題 1.4

(1) $[0,1]$, $(0,1)$, $(0,1]$, $[0,1)$ のうち，ルベーグ可測集合でないのはどれか？　ただし，全部がルベーグ可測集合の可能性があるので，注意せよ．

(2) 次のうち，$\mathbb{R}$ のルベーグ可測集合について常に成り立つものでないのはどれか？

(A) E がルベーグ可測であるならば，E^c もそうである．

(B) E, F がルベーグ可測であるならば，$E \cap F$ もそうである．

(C) $\{E_\lambda\}_{\lambda \in \Lambda}$ がルベーグ可測である集合の集まりならば，$\bigcup_{\lambda \in \Lambda} E_\lambda$ もルベーグ可測である．

(D) 開集合はルベーグ可測である．

(E) 外測度が 0 ならば，その集合はルベーグ可測である．

(3) 表 1-1 の 5 つの集合族，もしくは集合「すべての部分集合，有界集合，コンパクト集合，ボレル可測集合，ルベーグ可測集合，格子点全体のなす集合の部分集合」を考える．

(A) $\mathbb{R}$ のルベーグ外測度 m^* の定義域として正しいのはどれか？

(B) $\mathbb{R}$ のルベーグ測度 m の定義域として正しいのはどれか？

問題 1.5

$\mathbb{R}$ の部分集合の外測度と測度について次の問に答えよ．

(1) 1 点測度 $\{a\}$ の外測度と測度を求めよ．

(2) $\mathbb{N}$ の外測度と測度を求めよ．

(3) $\mathbb{Q}$ が可算集合であることに留意して，つまり，$\mathbb{Q} = \{q_j\}_{j=1}^\infty$ とおけることを用いて，$\mathbb{Q}$ の外測度と測度を求めよ．

1.3　ルベーグ積分の定義とリーマン積分との関係

断りがない限り $E \subset \mathbb{R}^n$ をボレル可測集合とする．ボレル可測集合にこだわる理由はなくルベーグ可測集合でもよい．正値ボレル可測関数の積分を定義しよう．前にふれたように区間上の積分より一般に集合 D 上の積分を考える．

定義 1.29　**単関数の積分**

$f : E \to [0, \infty)$ を正値単関数とする．$a_1, a_2, \ldots, a_N \in (0, \infty)$ と互いに交わらない $E_1, E_2, \ldots, E_N \in \mathcal{B}$ を用いた許容表現として，$f = \sum_{j=1}^{N} a_j \chi_{E_j}$ と表されるとき，f の E 上の積分を

$$\int_E f(x)\, dx = \sum_{j=1}^{N} a_j\, |E \cap E_j| \tag{1.23}$$

と定める．

この定義について補足しよう．定数関数 1 を積分すると体積が現れるから，E, F をボレル集合とするとき，$\int_E \chi_F(x)\, dx = |E \cap F|$ が成り立たないといけない．積分の線形性

$$\int_E (a\, f(x) + b\, g(x))\, dx = a \int_E f(x)\, dx + b \int_E g(x)\, dx$$

が成り立つと仮定すると，

$$\int_E f(x)\, dx = \sum_{j=1}^{N} a_j \int_E \chi_{E_j}(x)\, dx = \sum_{j=1}^{N} a_j\, |E_j \cap E|$$

が成り立つ．

命題 1.30

正値単関数 $f : E \to [0, \infty)$ の積分 $\displaystyle\int_E f(x)\,dx$ の定義は定義 1.29 にある許容表現のとり方によらない.

[証明] 定義 1.29 のような f の 2 つの許容表現 $f = \displaystyle\sum_{j=1}^{N} a_j \chi_{E_j} = \sum_{k=1}^{M} b_k \chi_{F_k}$ に対して,$f = \displaystyle\sum_{j=1}^{N}\sum_{k=1}^{M} a_j \chi_{E_j \cap F_k} = \sum_{j=1}^{N}\sum_{k=1}^{M} b_k \chi_{E_j \cap F_k}$ となる.$E_j \cap F_k$ が空でないとして,$p_{jk} \in E_j \cap F_k$ のとき,$a_j = b_k = f(p_{jk})$ である.よって,

$$\sum_{j=1}^{N} a_j |E \cap E_j| = \sum_{j=1}^{N}\sum_{k=1}^{M} a_j |E \cap E_j \cap F_k|$$
$$= \sum_{j=1}^{N}\sum_{k=1}^{M} b_k |E \cap E_j \cap F_k|$$
$$= \sum_{k=1}^{N} b_k |E \cap F_k|$$

となるので,証明が完成した. □

単関数に対しての積分の定義がはっきりしたので,今度は正値可測関数の積分を定義しよう.本書を通じて $g \leq f$ とはすべての定義域の点 x に対して,$g(x) \leq f(x)$ が成り立つこととする.

定義 1.31　正値可測関数の積分

$f: E \to [0, \infty]$ が正値ボレル可測関数のとき，

$$\int_E f(x)\,dx \tag{1.24}$$
$$\equiv \sup\left\{\int_E g(x)\,dx : g \text{ は単関数で，} \quad 0 \leq g \leq f\right\}$$

と定める．

上記の定義において $\int_E f(x)\,dx = 0, \infty$ の可能性もある．定義より次は明らかである．

命題 1.32

$a \geq 0$ で，$f: E \to [0, \infty]$ が正値ボレル可測関数のとき，$\int_E a\,f(x)\,dx = a\int_E f(x)\,dx$ となる．

次の補題によって，積分のいろいろな性質が保証される．次の命題は補題として位置づけられているが，ルベーグ積分の諸定理が次の補題から得られる．

補題 1.33

$g: E \to [0, \infty)$ を正値単関数とする．$\{f_j\}_{j=1}^{\infty}$ がすべての $x \in E$ に対して，$\displaystyle\lim_{j \to \infty} f_j(x) \geq g(x)$ を満たす正値ボレル可測関数の増大列のとき，

$$\int_E g(x)\,dx = \lim_{j \to \infty} \int_E \min(g(x), f_j(x))\,dx \tag{1.25}$$

が成り立つ．

[証明] 積分の加法性，つまり F_1, F_2 が互いに交わらないボレル集合のとき，正値ボレル可測関数 f に対して，
$$\int_{F_1 \cup F_2} f(x)\,dx = \int_{F_1} f(x)\,dx + \int_{F_2} f(x)\,dx$$
が成り立つことから，g は 0 と a の 2 つの値しかとらないと仮定しても一般性を失わない．よって，有限測度の可測集合 $\tilde{E}$ と $a > 0$ に対して，
$$a|\tilde{E}| = \lim_{j \to \infty} \int_E \min(a\chi_{\tilde{E}}(x), f_j(x))\,dx \tag{1.26}$$
を示そう．$\varepsilon > 0$ を固定する．$E_j \equiv \{f_j > a - \varepsilon\} \cap \tilde{E}$ とする．$E_1 \subset E_2 \subset \cdots \to \tilde{E}$，つまり $\tilde{E} = \bigcup_{j=1}^{\infty} E_j$ かつ各 $j \in \mathbb{N}$ について $E_j \subset E_{j+1}$ だから，系 1.18 が使えて，$\int_E (a-\varepsilon)\chi_{E_j}(x)\,dx = (a-\varepsilon)|E_j|$ とあわせると，
$$a|\tilde{E}| \geq \lim_{j \to \infty} \int_E \min(a\chi_{\tilde{E}}(x), f_j(x))\,dx$$
$$\geq \lim_{j \to \infty} \int_E (a-\varepsilon)\chi_{E_j}(x)\,dx$$
$$= (a-\varepsilon)|\tilde{E}|$$
となる．$\varepsilon > 0$ は任意だから，(1.26) が得られる．よって，(1.25) が証明された． □

ここで，積分論を習ううえで必須である，積分の基本定理を示す．正値ボレル可測関数の増大列 $\{f_j\}_{j=1}^{\infty}$ に関する定理である．

定理 1.34 単調収束定理

$0 \leq f_j \leq f_{j+1}$, $j \in \mathbb{N}$ を満たすボレル可測集合 E 上定義されたボレル可測関数列 $\{f_j\}_{j=1}^{\infty}$ が与えられたとする. 関数 f を $x \in E$ に対して, $\lim_{j \to \infty} f_j(x) = f(x)$ で定めると

$$\lim_{j \to \infty} \int_E f_j(x)\, dx = \int_E f(x)\, dx \tag{1.27}$$

が成り立つ.

[証明] 仮定より $\lim_{j \to \infty} \int_E f_j(x)\, dx \leq \int_E f(x)\, dx$ は明らかである. 逆向きの不等式を示そう. そのためには単関数 g を $0 \leq g \leq f$ となるようにとれば, 補題 1.33 によって,

$$\int_E g(x)\, dx = \lim_{j \to \infty} \int_E \min(g(x), f_j(x))\, dx \leq \lim_{j \to \infty} \int_E f_j(x)\, dx$$

となる. 単関数 g は任意だったから, (1.27) が証明できた. □

積分の定義 (1.24) からでは, 積分の和と和の積分は一致するかわからないが, 単調収束定理を用いることでこのことを示すことができる.

命題 1.35 積分の加法性

f, g がボレル集合 E 上で定義された正値ボレル可測関数ならば,

$$\int_E (f(x) + g(x))\, dx = \int_E f(x)\, dx + \int_E g(x)\, dx \tag{1.28}$$

となる.

[証明] 単関数の増大列 $\{f_j\}_{j=1}^{\infty}$ と $\{g_j\}_{j=1}^{\infty}$ で, それぞれ f と g に収束するものが定理 1.28 よりとれる. 定理 1.34 より,

$$\int_E (f(x)+g(x))\,dx = \lim_{j\to\infty}\int_E (f_j(x)+g_j(x))\,dx,$$
$$\int_E f(x)\,dx = \lim_{j\to\infty}\int_E f_j(x)\,dx,$$
$$\int_E g(x)\,dx = \lim_{j\to\infty}\int_E g_j(x)\,dx.$$

各 f_j, g_j は単関数だから，定義 1.31 より (1.28) の f, g を f_j, g_j でおきかえて得られる等式は明らかである．よって，これらの考察より，一般の f, g に対しても (1.28) が得られる． □

ファトゥ (1878-1929)

ボレル可測関数に対する積分を定義する前に，ファトゥの補題を証明しておこう．

定理 1.36　**ファトゥの補題**

ボレル集合 E 上で定義された正値ボレル可測関数列 $\{f_j\}_{j=1}^\infty$ に対して，

$$\int_E \liminf_{j\to\infty} f_j(x)\,dx \le \liminf_{j\to\infty} \int_E f_j(x)\,dx \tag{1.29}$$

が成り立つ．

[証明] 定理 1.34 と $\left\{\inf_{j\in\mathbb{Z}\cap[k,\infty)} f_j\right\}_{k=1}^{\infty}$ が正値増大関数列であることによって，

$$\int_E \liminf_{j\to\infty} f_j(x)\,dx = \lim_{k\to\infty} \int_E \inf_{j\in\mathbb{Z}\cap[k,\infty)} f_j(x)\,dx$$
$$= \liminf_{k\to\infty} \int_E \inf_{j\in\mathbb{Z}\cap[k,\infty)} f_j(x)\,dx$$
$$\leq \liminf_{k\to\infty} \int_E f_k(x)\,dx.$$

よって，定理は証明された． □

ファトゥの補題の仮定は「各 $m = 1, 2, \ldots$ に対する $f_m \geq 0$」である．一方で単調収束定理の仮定は「各 $m = 1, 2, \ldots$ に対する $f_{m+1} \geq f_m \geq 0$」である．したがって，ファトゥの補題の仮定は単調収束定理のそれより弱い仮定であるといえる．

一般のボレル可測関数 $f : E \to [-\infty, \infty]$ に対して積分を定義していこう．つまり，今度はプラスとマイナスが混合している関数に対して積分を定義したい．

定義 1.37 関数の $\pm$-部分

一般に関数 $f : E \to [-\infty, \infty]$ に対して，$f^+ \equiv \max(f, 0)$ と $f^- \equiv \min(f, 0)$ とおく．

f^+ と f^- の役割は f のプラスとマイナスを分離することである．これは複数の有機溶媒を分液漏斗で分離する操作と似ている．

$$\max(a, b) = \frac{a + b + |a - b|}{2}, \quad \min(a, b) = \frac{a + b - |a - b|}{2}$$

が成り立つことに注意しよう．

これを用いて積分を定義したい．可積分性に関してはボレル可測関数に対してもできるが，ここではルベーグ可測関数を扱う．

定義 1.38　関数の可積分性

$f : E \to [-\infty, \infty]$ をルベーグ可測集合 E 上で定義されたルベーグ可則関数とする．f が (ルベーグ) 可積分であるとは，$f^+, -f^-$ の両方が積分が有限であることをいう．さらにこのとき，

$$\int_E f(x)\,dx = \int_E f^+(x)\,dx - \int_E (-f^-(x))\,dx$$

と定める．

$f^+, -f^-$ は両方とも正値関数であることに注意しよう．

次の補題は簡単なことであるが，可積分性の判定に役立つ．

補題 1.39　可積分性の判定

ボレル可測関数 $f : E \to [-\infty, \infty]$ が可積分であることと $|f|$ が可積分であることは同値である．

[証明]　これは命題 1.35 によって

$$\int_E |f(x)|\,dx = \int_E f^+(x)\,dx + \int_E (-f^-(x))\,dx \tag{1.30}$$

だから，明らかである．　□

定義 1.40　$L^1(E)$

$E \subset \mathbb{R}^n$ を可測集合とする．$L^1(E)$ で，$\mathbb{R}^n$ 上の可積分関数全体のなす集合を表す．$f \in L^1(E)$ につき，$\|f\|_{L^1(E)} = \int_E |f(x)|\,dx$ と定める．$L^1(E)$ と書く際に，E が区間の場合は $L^1 E$ と書く．例えば，$L^1(a, b), L^1[0, \infty)$ と表す．

$L^1(E)$ の基本的な性質を見ておこう．

命題 1.41

E 上の実数値可積分関数全体は $\mathbb{R}$-線形空間の構造をもつ.

[証明] 掛け算は足し算より証明が簡単であるから,足し算の演算が保存されることの証明に焦点を合わせよう. $h = f + g$, $H = |f| + |g|$ と略記しよう. $f, g : E \to \mathbb{R}$ を可積分関数とすると,

$$\int_E |h(x)|\,dx \le \int_E H(x)\,dx = \int_E |f(x)|\,dx + \int_E |g(x)|\,dx < \infty,$$

だから,$f + g$ は可積分である.したがって,この証明で現れるすべての積分値は有限であり,その結果足し算や引き算は自由にできる. 命題 1.35 より,

$$\int_E (H(x) + f(x) + g(x))\,dx$$
$$= \int_E (|f(x)| + f(x))\,dx + \int_E (|g(x)| + g(x))\,dx$$
$$\int_E (H(x) - f(x) - g(x))\,dx$$
$$= \int_E (|f(x)| - f(x))\,dx + \int_E (|g(x)| - g(x))\,dx$$

が得られる.これらの辺々を引き,両辺を 2 で割ることにより,積分の加法性が証明された. □

リーマン積分とルベーグ積分の関係を述べておこう.

定理 1.42　リーマン積分とルベーグ積分の関係

R を $\mathbb{R}^n$ における直方体とする. $f : \overline{R} \to \mathbb{R}$ が連続ならば,f は $\overline{R}$ 上リーマン積分が可能で,ルベーグ積分と一致する.

R の閉包 $\overline{R}$ は有界閉集合であることに注意しよう.

[証明] f の代わりに $f - \min_R f$ を考えることで, $f \geq 0$ としてよい. 証明では, 積分はすべてルベーグ積分と解釈する. 各 $j \in \mathbb{N}$ に対して, $\overline{R}$ を 2^{jn} 個の直方体 $R_{j,1}, \ldots, R_{j,2^{jn}}$ に 2^{jn} 等分する. ここで,
$$f_j = \sum_{k=1}^{2^{jn}} \left(\inf_{R_{j,k}} f \right) \chi_{R_{j,k}}$$
と定義すると,
$$I_j = \int_{\overline{R}} f_j(x) dx = \sum_{k=1}^{2^{jn}} \left(\inf_{R_{j,k}} f \right) |R_{j,k}|, \, j \in \mathbb{N} \tag{1.31}$$
は f の $\overline{R}$ 上のリーマン積分に収束する. 一方で, f の $\overline{R}$ における一様連続性と単調収束定理より I_j は $\int_{\overline{R}} f(x)\, dx$ に収束する. □

可積分関数の重要な例を挙げる.

系 1.43

$x \in (0, \infty)$ の 1 変数関数 $f(x) = x^{-a}$ を考える. ただし, a は実数定数とする.

(1) f が $[1, \infty)$ 上で可積分であるためには, $a > 1$ が必要十分である.

(2) f が $(0, 1]$ 上で可積分であるためには, $a < 1$ が必要十分である.

[証明] (1) だけ証明する. 積分の定義により,
$$\int_{[1,\infty)} \frac{dx}{x^a} = \int_{\mathbb{R}} \frac{\chi_{[1,\infty)}(x)}{x^a}\, dx$$
であるが, f が $[1, \infty)$ 上で可積分であるのと,
$$\int_{[1,\infty)} \frac{dx}{x^a} = \lim_{R \to \infty} \int_{\mathbb{R}} \frac{\chi_{[1,R)}(x)}{x^a}\, dx = \lim_{R \to \infty} \int_1^R \frac{dx}{x^a} < \infty$$
は同値である. ここで, 2番目の不等式を得るのに単調収束定理 (定理 1.34) を用いた. また, 最後の積分はリーマン積分である. ここで,

$a > 1$ と $\lim_{R \to \infty} \int_1^R x^{-a}\,dx < \infty$ は同値であるから証明が完成した. $\square$

実際にやってみるとわかることであるが,以降に挙げる多くの問題はリーマン積分可能なものが多い.しかしながら,ルベーグ積分は $f(x) = \chi_{\mathbb{Q} \cap [0,1]}(x)$ を扱えるのに対して,リーマン積分はこの関数を扱えない.扱える関数の種類が違っているため,ルベーグ積分は有効であるといえる.また,$\{0,1\}$ が測度 0 だから,ルベーグ積分の世界では $\int_{(0,1)}$ と $\int_0^1$ と $\int_{[0,1]}$ は同義と考えてよい.

E が測度 0 の可測集合のとき,ボレル可測関数 $f : \mathbb{R}^n \to [-\infty, \infty]$ に対して,$\int_E f(x)\,dx = 0$ となる.この意味で測度 0 の集合は大事な集合であるとわかる.

定義 1.44　ガンマ関数

$x > 0$ に対して,$\Gamma(x) = \int_0^\infty t^{x-1} e^{-t}\,dt$ と定める.この関数をガンマ関数という.

テーラー展開すればわかるように $e^t \geq \dfrac{t^{[x+2]}}{[x+2]!}$ だから,系 1.43 により,ガンマ関数を定めている積分は絶対収束する.

定義 1.45　ベッセル関数

複素数 ν は $\mathrm{Re}(\nu) > \dfrac{1}{2}$ を満たすとする.$J_\nu : (0, \infty) \to \mathbb{R}$ を

$$J_\nu(t) = \frac{t^\nu}{2^\nu \sqrt{\pi}\, \Gamma\left(\nu + \dfrac{1}{2}\right)} \int_{-1}^1 (1 - s^2)^\nu \frac{e^{its}\,ds}{\sqrt{1 - s^2}}$$

で定義する.J_ν をベッセル関数という.

ガンマ関数と同様に

$$\left|(1-s^2)^\nu \frac{e^{its}}{\sqrt{1-s^2}}\right| = (1-s^2)^{\mathrm{Re}(\nu)-\frac{1}{2}} \leq 2^{\mathrm{Re}(\nu)-\frac{1}{2}}(1-s)^{\mathrm{Re}(\nu)-\frac{1}{2}}$$

であることと系 1.43 により，ベッセル関数を定めている積分は絶対収束する．

問題 1.6

(1) 実数変数 t の関数 $f = 3\chi_{[2,3)} + 4\chi_{[5,8]} + 5\chi_{\{11\}} - 2\chi_{(-3,2)}$ に対して，$I = \int_{\mathbb{R}} f(t)\,dt$ を計算せよ．

(2) $f: \mathbb{R} \to \mathbb{R}$ を可測関数とする．f がルベーグ可積分であるということを過不足なく記述しているのはどれか？

(A) リーマン可積分である．
(B) $\int_{\mathbb{R}} |f(x)|\,dx < \infty$ である．
(C) f が連続で広義リーマン可積分である．
(D) f が有界で広義リーマン可積分である．
(E) $\int_{\mathbb{R}} |f(x)|^2\,dx < \infty$ である．

問題 1.7

$x > 0$ に対して，$f(x) = \dfrac{1}{\sqrt{x}} \sin^3 \dfrac{1}{x}$ とおく．

(1) $|f(x)| \leq \dfrac{1}{\sqrt{x}}$ を示せ．

(2) $|f(x)| \leq \dfrac{1}{x^3 \sqrt{x}}$ を示せ．

(3) $\int_0^1 \dfrac{dx}{\sqrt{x}}$ を計算せよ．

(4) $\int_1^\infty \dfrac{dx}{x^3 \sqrt{x}}$ を計算せよ．

(5) f は $(0, \infty)$ でルベーグ可積分であることを示せ．

問題 1.8

(1) $\dfrac{1}{x}$, (2) x, (3) 1, (4) $\dfrac{\sin(x^{-1})}{\sqrt{x-2}}$, (5) $\dfrac{\sin(\tan^{-1} x)}{x-2}$

のうち，$(2, \infty)$ 上可積分な関数はどれか？

問題 1.9

広義積分 $I = \displaystyle\int_0^\infty \frac{x^3\,dx}{e^x - 1}$ の値を計算したい．

(1) $\dfrac{x^3}{e^x - 1} = \displaystyle\sum_{j=1}^\infty \frac{x^3}{e^{jx}}$ を示せ．

(2) $I = \displaystyle\sum_{j=1}^\infty \int_0^\infty \frac{x^3}{e^{jx}}\,dx$ を示せ．

(3) $\displaystyle\sum_{j=1}^\infty \frac{1}{j^4} = \frac{\pi^4}{90}$ を用いて，I の値を求めよ．

問題 1.10　集合に対するファトゥの補題

ファトゥの補題を用いて次の命題を証明せよ．

【命題】$\mathbb{R}^n$ の可測集合の列 $E_1 \supset E_2 \supset \cdots \supset E_k \supset E_{k+1} \supset \cdots$ が与えられたとき，

$$\lim_{k\to\infty} |E_k| \geq \left|\left(\bigcap_{k=1}^\infty E_k\right)\right|$$

を証明せよ．

【注意】左辺の極限が存在する理由も述べること．

問題 1.11

(1) 実数 t に対して，各点収束極限としての $\displaystyle\lim_{n\to\infty} t^3 \sqrt[n]{e^{t^3 - nt^2}}$ を求めよ．

(2) $\displaystyle\lim_{n\to\infty} \int_1^\infty t^3 \sqrt[n]{e^{t^3 - nt^2}}\,dt \geq \frac{1}{e}$ を示せ．

【注意】(2) において左辺の極限が存在することを説明すること．

問題 1.12

単関数を $f_n(x) = 2^{-n}\chi_{[1,3]}(x)[2^n x]$ ($x \in [1,3]$) と定めて，(各点) 極限関数 $f(x) = x$ の $[1,3]$ 上のルベーグ積分としての積分値を求めたい．

(1) f_n は単関数であることを示せ．

(2) f_n の積分値 $\int_{\mathbb{R}} f_n(x)\,dx$ を計算せよ．

(3) $1 \le x \le 3$ として $0 \le f_n(x) \le f_{n+1}(x)$ を示せ．

(4) $1 \le x \le 3$ として，各点収束極限として，$x = \lim_{n\to\infty} f_n(x)$ を示せ．

(5) f の積分値 $\int_1^3 f(x)\,dx$ を求めよ．

問題 1.13

(1) $f : \mathbb{R} \to [0,\infty)$ を非負値可測関数とする．E を零集合とし，$\{f_m\}_{m=1}^{\infty}$ を，$\mathbb{R}$ を定義域とする正値可測関数列とする．すべての $x \in \mathbb{R} \setminus E$ に対して，$f_m(x) \to f(x)$ のとき，

$$\int_{\mathbb{R}} f(x)\,dx \le \liminf_{m\to\infty} \int_{\mathbb{R}} f_m(x)\,dx$$

となることを示せ．

(2) 単調収束定理を用いて，

$$\lim_{R\to\infty} \int_{-R}^{R} f(x)\,dx = \int_{\mathbb{R}} f(x)\,dx \tag{1.32}$$

を証明せよ．

問題 1.14

(1)〜(5) それぞれにおいて，次の条件をすべて満たすような，$\mathbb{R}$ を定義域と値域とするボレル可測関数列 $\{f_n\}_{n=1}^{\infty}$ を，次の (A)〜(E) から選べ．

(A) $f_n(x) = \cos nx$,

(B) $f_n(x) = -n^{-1}$,

(C) $f_n(x) = \begin{cases} \chi_{[2n-2, 2n]}(x) & (n \text{ が偶数のとき}) \\ \chi_{[2n+1, 2n+2]}(x) & (n \text{ が奇数のとき}) \end{cases}$,

(D) $f_n(x) = \chi_{[n, n+1]}(x)$,

(E) $f_n(x) = n^{-1}$

選択肢は複数回使ってもよい．また，一つの問題に複数の正解の可能性がある場合はそれをすべて網羅せよ．

(1) ○ $f_n \leq f_{n+1} \leq 0$
   ○ $\lim_{n \to \infty} \int_{\mathbb{R}} f_n(x)\,dx < \int_{\mathbb{R}} \lim_{n \to \infty} f_n(x)\,dx$

(2) ○ $f_n \geq f_{n+1} \geq 0$
   ○ $\lim_{n \to \infty} \int_{\mathbb{R}} f_n(x)\,dx > \int_{\mathbb{R}} \lim_{n \to \infty} f_n(x)\,dx$

(3) ○ $0 \leq f_n$
   ○ $\liminf_{n \to \infty} \int_{\mathbb{R}} f_n(x)\,dx > \int_{\mathbb{R}} \liminf_{n \to \infty} f_n(x)\,dx$

(4) ○ 各 n について，$f_n \geq 0$ で，f_n は可測である．
   ○ $f_n \leq g$ となる可測関数 $g : \mathbb{R} \to \mathbb{R}$ が存在する．
   ○ $\lim_{n \to \infty} f_n(x)$ が各点収束の意味合いで存在する．
   ○ $\lim_{n \to \infty} \int_{\mathbb{R}} f_n(x)\,dx$ が有限確定ではない．

(5) ○ 各 n について，$f_n \geq 0$ で，f_n は可測である．
   ○ $f_n(x) \leq g(x)$ となる可測関数 $g : \mathbb{R} \to \mathbb{R}$ が存在する．
   ○ $\lim_{n \to \infty} f_n(x)$ が各点収束の意味合いで存在する．（この極限が無限になる場合も含める．）
   ○ $\lim_{n \to \infty} \int_{\mathbb{R}} f_n(x)\,dx$ が存在する．
   ○ $\lim_{n \to \infty} \int_{\mathbb{R}} f_n(x)\,dx = \int_{\mathbb{R}} \lim_{n \to \infty} f_n(x)\,dx$ が成立しない．

問題 1.15

次の 2 つの条件を両立させるような，$\mathbb{R}$ を定義域と値域とするボレル可測関数列 $\{f_n\}_{n=1}^{\infty}$ の例を構成せよ．

- $0 \leq f_n$
- $\displaystyle\limsup_{n\to\infty} \int_{\mathbb{R}} f_n(x)\,dx < \int_{\mathbb{R}} \limsup_{n\to\infty} f_n(x)\,dx$

1.4 重要な積分定理

それでは，ここで重要なルベーグの収束定理を示そう．

定理 1.46 ルベーグの収束定理

E をルベーグ可測集合とする．$f_1, f_2, \ldots : E \to [-\infty, \infty]$ を f に各点収束するようなルベーグ可測関数列とする．可積分関数 $g : E \to [-\infty, \infty]$ が存在して，$|f_j(x)| \leq g(x)$ をすべての $j \in \mathbb{N}$ と $x \in E$ に対して満たしていれば，

$$\lim_{j\to\infty} \int_E f_j(x)\,dx = \int_E f(x)\,dx$$

となる．

[証明] $g \pm f_j \geq 0$ であるから，ファトゥの補題により，

$$\int_E (g(x) + f(x))\,dx \leq \int_E g(x)\,dx + \liminf_{j\to\infty} \int_E f_j(x)\,dx$$

$$\int_E (g(x) - f(x))\,dx \leq \int_E g(x)\,dx + \liminf_{j\to\infty} \int_E (-f_j(x))\,dx$$

$$= \int_E g(x)\,dx - \limsup_{j\to\infty} \int_E f_j(x)\,dx$$

となる．ここで，各項は仮定によって有限であるから，

$$\limsup_{j\to\infty} \int_E f_j(x)\,dx \le \int_E f(x)\,dx$$
$$\le \liminf_{j\to\infty} \int_E f_j(x)\,dx$$
$$\le \limsup_{j\to\infty} \int_E f_j(x)\,dx$$

となり，証明が完成する． □

この定理は次の形で使われる．

系 1.47　項別積分定理

可測集合 E 上の可積分関数列 $\{f_j\}_{j=1}^\infty$ が $\displaystyle\sum_{j=1}^\infty \|f_j\|_{L^1(E)} < \infty$ を満たすとき，$F = \left\{x \in E : \displaystyle\sum_{j=1}^\infty |f_j(x)| \text{ は収束する}\right\}$ とおくと，$|E \setminus F| = 0$ で，$\displaystyle\sum_{j=1}^\infty \int_E f_j(x)\,dx = \int_F \sum_{j=1}^\infty f_j(x)\,dx$ が成り立つ．

[証明] $\{F_j\}_{j=1}^\infty = \left\{\displaystyle\sum_{k=1}^j f_k\right\}_{j=1}^\infty$, $H = \displaystyle\sum_{j=1}^\infty |f_j|$ とおく．単調収束定理 (定理 1.34) より，$\displaystyle\sum_{j=1}^\infty \int_E |f_j(x)|\,dx = \int_E \sum_{j=1}^\infty |f_j(x)|\,dx < \infty$ だから，H は可積分である．したがって，後述するチェビシェフの定理より $|E \setminus F| = 0$ である．あとは $\{F_j\}_{j=1}^\infty$ と H にルベーグの収束定理 (定理 1.46) を適用すればよい． □

ルベーグの収束定理は次の形でもよく使われる．

定理 1.48　連続変数に関するルベーグの収束定理

$E \subset \mathbb{R}^n$ をルベーグ可測集合とする．$F : (a,b) \times E \to [-\infty, \infty]$ は次の条件を満たしている関数とする．

(1) $x \in \mathbb{R}$ を止めるごとに $F(\cdot, x)$ は連続関数となる.
(2) 可積分関数 $g : E \to [-\infty, \infty]$ が存在して, $|F(t, \cdot)| \le g$ となる.

このとき, $t_0 \in (a, b)$ に対して

$$\lim_{t \to t_0} \int_E F(t, x)\, dx = \int_E F(t_0, x)\, dx \tag{1.33}$$

が成り立つ.

[証明] 点列の概念で (1.33) を言い換える. t_0 に収束する (a, b) 内の点列 $\{t_j\}_{j=1}^{\infty}$ に対して,

$$\lim_{j \to \infty} \int_E F(t_j, x)\, dx = \int_E F(t_0, x)\, dx$$

を示せばよいことになるが, これはちょうどルベーグの収束定理を $\{f_j\}_{j=1}^{\infty} = \{F(t_j, \cdot)\}_{j=1}^{\infty}$ に適用しただけのことである. □

解析学では一般に微分記号と積分記号を入れ替えることがよくある. その時に使うのが次の定理である.

定理 1.49 微分記号と積分記号の入れ替え

E をルベーグ可測集合とする. $F : (a, b) \times E \to \mathbb{R}$ は次の条件を満たしている関数とする.
(1) すべての $t \in (a, b)$ と $x \in \mathbb{R}$ に対して $\partial_t F(t, x)$ が存在する.
(2) $F(t, \cdot)$ は可積分である.
(3) 可積分関数 $g : E \to \mathbb{R}$ が存在して, $|\partial_t F(t, x)| \le g(x)$, $x \in E$ となる.

このとき,

$$\frac{d}{dt} \int_E F(t, x)\, dx = \int_E \partial_t F(t, x)\, dx \tag{1.34}$$

が成り立つ.

[証明] $t_0 \in (a,b)$ を止めて，$t \in (a,b), x \in E$ の関数

$$G(t,x) \equiv \begin{cases} \dfrac{F(t,x) - F(t_0,x)}{t - t_0} & (t \neq t_0) \\ \partial_t F(t_0,x) & (t = t_0) \end{cases} \tag{1.35}$$

を考える．定理 1.48 を G に対して適用すれば結論が得られる．□

可測性，可積分性などの概念は複素数値関数に対しても適用される．実部と虚部に分けてそれぞれに種々の概念を適用していけばよいのである．ただし，複素数に $+\infty$ や $-\infty$ はないので，実部と虚部は両方とも $\pm\infty$ をとることを認めない．ルベーグの収束定理の複素数値版も記述，証明できる．

系 1.50

$f : \mathbb{R}^n \to \mathbb{C}$ は連続かつ可積分関数とする．このとき，f は $\mathbb{R}^n$ 上広義リーマン可積分で，その値は f の $\mathbb{R}^n$ 上のルベーグ積分と同じである．

[証明] $\mathbb{R}^n$ の近似列として，例えば $\{[-j,j]^n\}_{j=1}^{\infty}$ をとる．$\int_{[-j,j]^n} f(y)\,dy$ がリーマン積分の意味で存在するが，ルベーグの収束定理と定理 1.42 によって，f の $\mathbb{R}^n$ 上のルベーグ積分に収束する．□

ルベーグ積分の利点のひとつはリーマン積分ができる条件を完全に記述できることである．このことを見るための準備段階として，$B(x,r)$ を x 中心，半径 r の球とする．関数の連続性を書き換えておこう．

補題 1.51

$U \subset \mathbb{R}^n$ を開集合とする. 有界関数 $f : U \to \mathbb{R}$ と $x \in U$ に対して,

$$\overline{f}(x) \equiv \lim_{r \downarrow 0} \left(\sup_{B(x,r)} f \right), \ \underline{f}(x) \equiv \lim_{r \downarrow 0} \left(\inf_{B(x,r)} f \right)$$

とおく. このとき, $\overline{f}(x) = \underline{f}(x)$ が成り立つことと f が x で連続であることが同値である.

[証明] $\overline{f}(x) - \underline{f}(x) = \lim_{r \downarrow 0} \left(\sup_{y,z \in B(x,r)} |f(y) - f(z)| \right)$ より明らかである. □

次の定理はルベーグの定理と呼ばれる.

定理 1.52　ルベーグの定理

R を直方体, $\overline{R}$ をその閉包, すなわち, R の境界をすべて含めたものとする. このとき, 有界関数 $f : \overline{R} \to \mathbb{R}$ がルベーグ可積分であることと, f の不連続点の全体のなす集合 Z が零集合をなすことは同値になる.

[証明] $\Delta^N = \{R_j\}_{j=1}^{N^n}$ を $\overline{R}$ の N 等分割として, $S_N(f)$, $s_N(f)$ でそれぞれこの分割に関する過剰和, 不足和を表すことにする. つまり,

$$S_N(f) = \int_{\overline{R}} \sum_{j=1}^{N^n} \left(\sup_{R_j} f \right) \chi_{R_j}(x)\, dx$$

$$s_N(f) = \int_{\overline{R}} \sum_{j=1}^{N^n} \left(\inf_{R_j} f \right) \chi_{R_j}(x)\, dx$$

とおく. ここで, 零集合 E が存在して $\overline{R} \setminus E$ 上で

$$\lim_{N\to\infty}\sum_{j=1}^{N^n}\left(\sup_{R_j} f\right)\chi_{R_j}(x) = \overline{f}(x)$$

であるから，ルベーグの収束定理によって

$$S_N(f) \to \int_R \overline{f}(x)\,dx \quad (N\to\infty)$$

である．不足和に関しても同じことがいえて，$N\to\infty$ として，

$$s_N(f) \to \int_R \underline{f}(x)\,dx \left(\leq \int_R \overline{f}(x)\,dx\right)$$

となる．したがって，補題 1.51 より

$$\begin{aligned}
Z \text{ が零集合をなす．} &\iff \int_R \overline{f}(x)\,dx = \int_R \underline{f}(x)\,dx \\
&\iff \lim_{|\Delta|\to 0} s_\Delta(f) = \lim_{|\Delta|\to 0} S_\Delta(f) \\
&\iff f \text{ はリーマン積分可能である．}
\end{aligned}$$

□

このルベーグの定理から次の用語は有用であると納得できる．

定義 1.53　ほとんどすべて

E を可測集合とする．ある性質がほとんどすべての $x \in E$ に対して成り立つとは，その性質が成り立たない点全体が測度 0 となることである．$E = \mathbb{R}^n$ のときは，$\in E$ を省く．「ほとんどすべて」を a.e.(almost everywhere) と略記することも多い．

測度 0 の集合は無視できるから，多くの定理を拡張できる．次の例は「すべての」を「ほとんどすべての」に変更しても成り立つ定理の一例である．

例 1.54

$E \subset \mathbb{R}^n$ を可測集合とする．$\{f_j\}_{j=1}^\infty$ を E 上で定義された実数値ボレル可測関数列で，$\lim_{j\to\infty} f_j(x) = f(x)$ がほとんどすべての $x \in E$ に対して存在するものとする．さらに，可積分関数 $g : E \to \mathbb{R}$ が存在して，ほとんどすべての $x \in E$ に対して，$|f_j(x)| \le g(x)$ が成り立つとする．このとき，$\lim_{j\to\infty} f_j(x)$ が存在しないような x に対し，$f(x) = 0$ とすることで

$$\lim_{j\to\infty} \int_E f_j(x)\,dx = \int_E f(x)\,dx$$

が成り立つ．

問題 1.16

(1) 次の条件 (A)～(D) をすべて満たす $\mathbb{R}$ を定義域，値域とする連続関数列 $\{f_j\}_{j=1}^\infty$ を与えよ．
 (A) 各自然数 j について，$\{f_j > 0\} = (j-1, j+1)$
 (B) 各点収束の意味合いで $\lim_{j\to\infty} f_j(x) = 0$
 (C) $\displaystyle\int_{-\infty}^\infty f_j(x)\,dx = 1$
 (D) すべての $j = 1, 2, \ldots$ と $x \in \mathbb{R}$ について，$f_j(x) \ge 0$

(2) この関数列 $\{f_j\}_{j=1}^\infty$ の存在を参考に，ファトゥの補題の結論に関する注意点を与えよ．

問題 1.17

$f : \mathbb{R} \to \mathbb{R}$ を可積分関数とする．このとき，

$$\lim_{R\to\infty} \int_{-R}^R f(x)\,dx = \int_\mathbb{R} f(x)\,dx$$

を証明せよ．

問題 1.18

(1) $g(t) = 2e^{-t}$ とすると, g は $(0, \infty)$ 上で可積分であることを示せ.

(2) ルベーグの収束定理を用いて,
$$L = \lim_{n \to \infty} \int_0^\infty \tan^{-1}\left(\frac{t^2 + n}{n}\right) \sin\left(t + \sin\frac{t^4}{n}\right) e^{-t}\, dt$$
を計算せよ.

問題 1.19

(1) $p > 1$ に対して, $\displaystyle\int_0^\infty \frac{x^{p-1}\, dx}{e^x - 1}$ を求めよ.

(2) $y > 0$ に対して $\displaystyle\sum_{n=1}^\infty \frac{y}{n^2 + y^2} = \int_0^\infty \frac{\sin(xy)}{e^x - 1}\, dx$ を示せ.

問題 1.20

$0 < \alpha < \infty$ とする. f を積分値が 0 より大きい $\mathbb{R}$ 上の正値可積分関数とするとき, 極限値 $\displaystyle L \equiv \lim_{n \to \infty} n \int_{\mathbb{R}} \log\left\{1 + \left(\frac{f(x)}{n}\right)^\alpha\right\} dx$ を計算せよ.

問題 1.21

(1) $\displaystyle\int_{-\infty}^\infty e^{-2|x|}\, dx$, (2) $\displaystyle\lim_{n \to \infty} \int_{-\infty}^\infty \frac{e^{-2|x|}}{\sqrt[n]{1 + x^2}}\, dx$ を計算せよ.

問題 1.22

$f : \mathbb{R} \to (-1, 1)$ を $\displaystyle\lim_{x \to 0} f(x) = 0$ となるような可測関数とするとき,
$$\lim_{\lambda \downarrow 0} \int_{\mathbb{R}} \frac{\lambda}{\lambda + |x|^2} f(x)\, dx = 0$$
を証明せよ.

問題 1.23

実数変数 $t \in \mathbb{R}$ の関数 $f(t) \equiv \int_1^2 \dfrac{\exp(t\,x)}{x}\,dx$ の $t \neq 0$ に対する 1 回微分 $f'(t)$ を計算せよ．

問題 1.24

f を有界可測関数とする．$0 < t < 1$ を独立変数にもつ関数 $F(t) \equiv \displaystyle\int_{\mathbb{R}} \dfrac{f(x)\log(t+x^2+1)}{(x^2+1)^2}\,dx$ を微分せよ．$\log \alpha < \sqrt{\alpha}$ が $\alpha > 0$ に対して成り立つので，必要に応じてこれを用いて構わない．

1.5 フビニの定理

ここでは，積分の順番を交換することができることを主張するフビニの定理を証明する．今まではボレル可測とルベーグ可測を平行して考えてきたが，ここではボレル可測なものに限定する．ルベーグ可測についても考察できないことはないが，若干骨が折れる．

フビニ (1879-1943)

$m, n \in \mathbb{N}$ に対して $\mathbb{R}^{n+m} = \mathbb{R}^n \times \mathbb{R}^m$ と見なす．以後当面 dx は $\mathbb{R}^n$，dy は $\mathbb{R}^m$，$dxdy$ は $\mathbb{R}^{n+m}$ の積分記号とする．

補題 1.55

すべての $x_0 \in \mathbb{R}^n$ とすべてのボレル集合 $A \subset \mathbb{R}^{n+m}$ に対して，関数

$$y \in \mathbb{R}^m \mapsto \chi_A(x_0, y) \in \{0, 1\} \tag{1.36}$$

と

$$x \in \mathbb{R}^n \mapsto \int_{\mathbb{R}^m} \chi_A(x, y)\, dy \in [0, \infty] \tag{1.37}$$

は可測で，

$$\iint_{\mathbb{R}^{n+m}} \chi_A(x, y)\, dx\, dy = \int_{\mathbb{R}^n} \left(\int_{\mathbb{R}^m} \chi_A(x, y)\, dy \right) dx$$

が成り立つ．

この補題がルベーグ可測よりボレル可測の方が考えやすい所以である．

[証明] 直方体 R とボレル集合 A に対して，$x \in \mathbb{R}^n$ を固定することで得られる $\chi_{A \cap R}(x, \cdot)$ と (1.37) において，A を $A \cap R$ で置き換えた関数は可測で，

$$\iint_{\mathbb{R}^{n+m}} \chi_{A \cap R}(x, y)\, dx\, dy$$
$$= \int_{\mathbb{R}^n} \left(\int_{\mathbb{R}^m} \chi_{A \cap R}(x, y)\, dy \right) dx \tag{1.38}$$

が成り立つことを示せばよい．単調収束定理が使えるからである．

$$\mathcal{A} = \bigcap_{x_0 \in \mathbb{R}^n} \{ A \in \mathcal{A} : \text{(1.36) と (1.37) は可測で，(1.38) が成立する} \}$$

とおくと，定理 1.17 が使えて，$\mathcal{A} = \mathcal{B}$ が得られる． □

定理 1.56　正値関数に関するフビニの定理

$f: \mathbb{R}^n \times \mathbb{R}^m \to \mathbb{R}$ が正値ボレル可測関数なら，$f(x, \cdot)$ はすべての $x \in \mathbb{R}^n$ に対して可測で，関数

$$x \in \mathbb{R}^n \mapsto \int_{\mathbb{R}^m} f(x, y)\, dy \in [0, \infty]$$

も可測で

$$\int_{\mathbb{R}^n} \left(\int_{\mathbb{R}^m} f(x, y)\, dy \right) dx = \iint_{\mathbb{R}^{n+m}} f(x, y)\, dx\, dy$$

となる．

[証明]　補題 1.55 より $f(x, y) = \chi_A(x, y)$ とボレル集合 A を用いて表される場合は正しいとわかる．線形性より，結論は単関数にもち上がる．単調収束定理 (定理 1.34) を使えば，正値ボレル可測関数にも結論がもち上がる．　□

定理 1.57　実数値関数に対するフビニの定理

$f: \mathbb{R}^{n+m} = \mathbb{R}^n \times \mathbb{R}^m \to \mathbb{R}$ は実数値可積分関数とする．
(1) $E = \left\{ x \in \mathbb{R}^n : \int_{\mathbb{R}^m} |f(x, y)|\, dy = \infty \right\}$ は測度 0 である．

(2) $f(x) = \chi_{E^c}(x) \left(\int_{\mathbb{R}^m} f^+(x, y)\, dy + \int_{\mathbb{R}^m} f^-(x, y)\, dy \right)$ で可測関数 $f: \mathbb{R}^n \to [-\infty, \infty]$ を定めると，等式

$$\int_{\mathbb{R}^n} f(x)\, dx = \iint_{\mathbb{R}^{n+m}} f(x, y)\, dx\, dy \tag{1.39}$$

が成り立つ．

f の定義において，$0 \cdot \infty = 0 \cdot (-\infty) = 0(\infty - \infty) = 0$ と約束している．

[証明]　(1) は後述するチェビシェフの不等式により得られる．(1.39) は $f = f^+ + f^-$ と分解して，定理 1.56 を用いればよい．　□

問題 1.25

(1) $I = \iint_{(0,\infty)^2} \dfrac{dx\,dy}{e^{\pi x^2 + \pi y^2}}$ とおくとき，
$$I = \lim_{R \to \infty} \iint_{\{(x,y):x,y \geq 0,\, x^2+y^2 \leq R^2\}} \dfrac{dx\,dy}{e^{\pi x^2 + \pi y^2}}$$
を示せ．

(2) I の値を計算することにより，$\displaystyle\int_0^\infty e^{-\pi x^2}\,dx = \dfrac{1}{2}$ を示せ．

問題 1.26

(1) 不等式 $\displaystyle\int_0^\infty \dfrac{|\sin x|}{e^x}\,dx \leq 1$ を示せ．

(2) $\displaystyle\iint_{[0,\infty)^2} e^{-x-y}\,dx\,dy$ を計算せよ．

(3) $\displaystyle\iint_{[0,\infty)^2} e^{-x-y} \sin x \cos y\,dx\,dy$ を計算せよ．

問題 1.27

(1) $\displaystyle\int_\mathbb{R} \dfrac{dy}{a^2 + y^2} = \dfrac{\pi}{|a|},\ a \neq 0$ を示せ．

(2) $\displaystyle\iint_{\mathbb{R}^2} \dfrac{dx\,dy}{x^2 + y^2} = \infty$ を証明せよ．

1.6 章末問題

章末問題 1.1

24枚の正方形パネルを図1のように並べて図形 E を作る．2枚の正方形パネルを図2のように連結させることで図形 F を作る．図形 F の複製を十分多く作り，（2重以上の）重なりがあってもよいので，図形 E を上から覆うことを考える．ただし，パネルを置くときはパネルをそろえて置くことにする．

(1) 13枚の F で E を覆え．
(2) 最小枚数は何枚か？

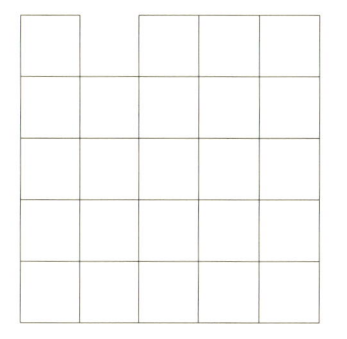

図1 パネル E 　　　図2 パネル F

章末問題 1.2

(1) 任意の $k \in \mathbb{N}$ に対して，$\int_{\mathbb{R}} f(x)^k \, dx < \infty$ となる本質的に非有界な関数 $f : \mathbb{R} \to (0, \infty)$ を構成せよ．
本質的に非有界であるとは，任意の $M > 0$ に対して，$|\{|f| > M\}| > 0$ を満たす関数のことである．

(2) 任意の開区間 I に対して，$\int_I f(x) \, dx = \infty$ となるような，すべての x に対して有限値をとる可測関数 $f : \mathbb{R} \to [0, \infty)$ が存在することを示せ．

章末問題 1.3　球対称減少再配列

$B(r) = \{|x| < r\}, r > 0$ と略記する. 単位球 $B(1)$ の n 次元ルベーグ測度を v_n とする. 可測関数 $f : \mathbb{R}^n \to \mathbb{R}$ の球対称減少再配列 $f^* : \mathbb{R}^n \to [0, \infty]$ および $g : [0, \infty) \to [0, \infty)$ を

$$f^*(x) = \inf(\{\infty\} \cup \{s \geq 0 : |\{|f| > s\}| \leq v_n |x|^n\}),$$
$$g(r) = f^*(r, 0, \ldots, 0)$$

で定義する. 以下が成り立つことを示せ.

(1) g は r 右連続かつ単調減少である.

(2) $F : [0, \infty] \to [0, \infty]$ が単調増加連続ならば,

$$\int_{\mathbb{R}^n} F(|f(x)|) dx = \int_{\mathbb{R}^n} F(f^*(x)) dx$$

が成り立つ.

章末問題 1.4

測度が正のルベーグ可測集合 $A, B \subset \mathbb{R}$ について以下を示せ. ただし, $A + x \equiv \{y + x \in \mathbb{R} : y \in A\}$ $(x \in \mathbb{R})$ と定める. この和をミンコフスキー和という.

(1) $\displaystyle\int_{\mathbb{R}} |(A+x) \cap B| dx = |A| \cdot |B|$ を示せ.

(2) 必要ならば, ルベーグ測度の正則性を用いて, $|(A+r) \cap B| > 0$ となる $r \in \mathbb{Q}$ が存在することを示せ.

【注意】ルベーグ測度の正則性は 2 章で示すので, ここでは A はコンパクトとしてよい.

章末問題 1.5　ベッセル関数の性質

複素数 ν は $\operatorname{Re}(\nu) > \dfrac{1}{2}$ を満たすとする. $t \in \mathbb{R}$ と仮定する. ベッセル関数について以下の問いに答えよ.

(1) $\dfrac{d}{dt}\left(t^{-\nu}J_\nu(t)\right) = -t^{-\nu}J_{\nu+1}(t)$ を証明せよ．この際，

$$t^{-\nu}J_\nu(t) = \dfrac{2^{-\nu}}{\sqrt{\pi}\,\Gamma\left(\nu+\dfrac{1}{2}\right)}\int_{-1}^{1}(1-s^2)^\nu\,\dfrac{e^{its}ds}{\sqrt{1-s^2}}$$

を t で微分すると

$$\dfrac{d}{dt}\left(t^{-\nu}J_\nu(t)\right) = \dfrac{2^{-\nu}i}{\sqrt{\pi}\,\Gamma\left(\nu+\dfrac{1}{2}\right)}\int_{-1}^{1}(1-s^2)^\nu\,\dfrac{s\,e^{its}ds}{\sqrt{1-s^2}}$$

となるが，この計算がなぜ正しいかを証明の際にきちんと説明すること．

(2) $\dfrac{d}{dt}\left(t^{\nu}J_\nu(t)\right) = t^{\nu}J_{\nu-1}(t)$ を証明せよ．微分と積分の入れ替えを先ほどと同じように正当化すること．

(3) $t^2\dfrac{d^2 J_\nu}{dt^2}(t) + t\dfrac{dJ_\nu}{dt}(t) + (t^2-\nu^2)J_\nu(t) = 0$ を証明せよ．微分と積分の入れ替えを先ほどと同じように正当化すること．

(4) $\displaystyle\int_{-1}^{1} s^{2j}(1-s^2)^{\nu-\frac{1}{2}}\,ds = \dfrac{1}{\Gamma(j+\nu+1)}\Gamma\left(j+\dfrac{1}{2}\right)\Gamma\left(\nu+\dfrac{1}{2}\right)$

を用いて，等式

$$J_\nu(t) = \sum_{j=0}^{\infty}\dfrac{(-1)^j}{\sqrt{\pi}\,\Gamma(j+\nu+1)}\Gamma\left(j+\dfrac{1}{2}\right)\dfrac{t^{2j+\nu}}{2^\nu(2j)!}$$

を証明せよ．

章末問題 1.6　ルベーグ非可測集合の存在

$\mathbb{R}$ が互いに交わらない和として，

$$\mathbb{R} = \bigcup_{\lambda\in\Lambda}(x_\lambda + \mathbb{Q}),\quad 0 \le x_\lambda \le 1$$

と表わされているとする．このとき $\{x_\lambda\}_{\lambda\in\Lambda}$ はルベーグ可測ではないことを示せ．

第2章

抽象的な測度空間

　本章では前章の序文で説明した「級数と和の共通点」とは何かという問いに測度空間を抽象的に考えることで答える．ユークリッド空間においては，外測度を構成して測度論を展開できた．直方体を用いて外測度を構成したが，途中からは直方体の構造をあまり必要とはしなかった．そこで，ここから先は直方体を用いずに，理論を構成できないかを模索したい．今までの多くの公式などを見ていると直感的には和をとるという演算特にシグマ記号と積分記号には何らかの密接な関係があるのではないかと推測できる．これらの演算は抽象的な測度空間という立場から一般化できる．

ニコディム (1887-1974)

2.1 σ-集合体と測度

ボレル σ-集合体を一般化したいが,直方体に関する条件は不要になるので,次のような定義になる.一般に,与えられた集合の σ-集合体を考えることはその集合の「面積」を考えることができる集合を「自ら」が規定していることに相当する.以下の定義において,X には位相的,代数的な条件は一切課さない.σ-集合体が X に備わっていれば,X は何でもよい.

ルベーグ測度のように外測度を経由して測度を定義する方法があるが,ここでは所望の性質をもつものとして,測度を直接定義してしまおう.互いに素とは,交わらないという意味である.$\sum_{j=1}^{\infty} A_j$ とは各 A_j は交わらないということも含んだ $\bigcup_{j=1}^{\infty} A_j$ のことである.

定義 2.1 測度

$(X, \mathcal{M})$ を可測空間とする.μ が測度であるとは次の条件を満たすことである.

(1) $\mu : \mathcal{M} \to [0, \infty]$ は集合関数である.
(2) $\mu(\emptyset) = 0$
(3) $\{A_j\}_{j=1}^{\infty}$ が互いに素な $\mathcal{M}$ の元の列のとき,

$$\mu\left(\sum_{j=1}^{\infty} A_j\right) = \sum_{j=1}^{\infty} \mu(A_j) \qquad (2.1)$$

が成り立つ.

A が $A = \{\cdots\}$ と書けているときは,$\mu(A)$ を $\mu\{\cdots\}$ と書く.
(2.1) を考えるに際に次の言葉を用意しておくと便利であろう.

定義 2.2　可測な分割

E を可測空間 $(X, \mathcal{M})$ 上の可測集合とする．$\{E_j\}_{j=1}^{\infty}$ が可測な E の分割であるとは，各 E_j が可測で，$E = \sum_{j=1}^{\infty} E_j$ となることと定義する．

この用語によると $\{A_j\}_{j=1}^{\infty}$ が可測な A の分割のとき，

$$\mu(A) = \sum_{j=1}^{\infty} \mu(A_j)$$

が成り立つ．今までのルベーグ測度とは違う性質の典型的な例として，次の計数測度 μ がある．集合 X に対して，2^X で，X のすべての部分集合全体のなす集合族とするとき，これを用いた測度空間 $(X, 2^X, \mu)$ を使うと数列の解析ができるようになる．

定義 2.3　計数測度

μ が集合 X 上の計数測度 (counting measure) であるとは
(1) $\mu : 2^X \to [0, \infty]$ は集合関数である．
(2) $\mu(A)$ は A の元の個数に等しい．
が成り立つことをいう．

例 2.4

X を集合，$\mathcal{B}$ を X の部分集合全体のなす集合族とする．x に台をもつディラックのデルタとは $\delta_x(E) = \chi_E(x)$ と定められる測度 δ_x のことと解釈することもできる．計数測度は $\sum_{x \in E} \delta_x$ と考えられる．

計数測度を用いると，一般の集合に対する和が簡単に定義される．これこそがルベーグが積分論の構築に思い描いた積分と数列の

和に共通するものである．

定義 2.5　一般の和

μ を集合 E 上の計数測度とする．E 上の関数 $f : E \to \mathbb{R}$ に対して，和 $\sum_{x \in E} f(x)$ を $\sum_{x \in E} f(x) = \int_E f(x)\, d\mu(x)$ と定義する．

この計数測度と $X = \mathbb{N}$ を考えると，可測関数は $a_1, a_2, \ldots$ のような 1 番目から始まる数列と同義になり，積分はその数列の総和ということになる．$X = \mathbb{R}$ を考えることもできる．この場合は，$\mathbb{R}$ が可算ではないことから $a_1, a_2, \ldots$ のように並べて表すことができない．$t \in \mathbb{R} \mapsto a_t \in \mathbb{R}$ のような関数を表すことになる．しかし，このような非可算の状況は扱いが難しいので，測度空間に次のような制約を設けると，いろいろなことが考えやすくなる．

定義 2.6　測度空間の種類

$(X, \mathcal{B}, \mu)$ を測度空間とする．
(1) μ が有限であるとは，$\mu(X) < \infty$ を満たすことである．
(2) μ が確率測度であるとは，$\mu(X) = 1$ を満たすことである．また，この場合は測度空間 $(X, \mathcal{B}, \mu)$ を確率空間という．
(3) μ が σ-有限であるとは，$X = \bigcup_{j=1}^{\infty} X_j, \mu(X_j) < \infty, j \in \mathbb{N}$
となる $X_1, X_2, \ldots \in \mathcal{B}$ が存在することである．

サイコロやコインの投擲のように確率を連想させる文脈ではなくても確率空間という用語は使われる．確率空間における等式，不等式は非常に強力で，本書ではそれらを体系的に説明しきれないが，それでも本書でも確率空間が背景にある等式や不等式がたくさん出てくる．

一般に集合 E が与えらえたときに，E 上の計数測度を μ_E と一時的に表す．$(\mathbb{N}, 2^{\mathbb{N}}, \mu_{\mathbb{N}})$ やボレル測度空間 $(\mathbb{R}^n, \mathcal{B}, dx)$ やルベーグ測度空間 $(\mathbb{R}^n, \mathcal{L}, dx)$ は σ-有限である．しかし，$(\mathbb{R}, 2^{\mathbb{R}}, \mu_{\mathbb{R}})$ は σ-有限ではない．

定義 2.7　完備測度空間

$(X, \mathcal{B}, \mu)$ を測度空間とする．$(X, \mathcal{B}, \mu)$ が完備であるとは，

$$\mu(A) = 0, \, A \in \mathcal{B}, \, B \subset A$$

のとき，$B \in \mathcal{B}$ が成り立つことである．

ボレル可測ではないルベーグ可測集合で零集合となるものが存在するので，$(\mathbb{R}^n, \mathcal{B}, dx)$ は完備ではない．また，外測度を経由して得られた $(\mathbb{R}^n, \mathcal{L}, dx)$ は完備である．

定義 2.8　一般の測度空間における可測関数

$(X, \mathcal{B}, \mu)$ を測度空間とする．関数 $f : X \to [-\infty, \infty]$ が $\mathcal{B}$-可測，もしくは単に可測であるとは $\{f > \alpha\} \in \mathcal{B}, \, \alpha \in \mathbb{R}$ が成り立つことである．さらに，「f が可測である」ということを集合の記号を用いて，$f \in \mathcal{B}$ と表すことがある．

可測性の条件としてはここで挙げた条件以外に次の 3 つのものがある．
(1) すべての $\alpha \in \mathbb{R}$ に対して，$\{f < \alpha\} \in \mathcal{B}$ となる．
(2) すべての $\alpha \in \mathbb{R}$ に対して，$\{f \geq \alpha\} \in \mathcal{B}$ となる．
(3) すべての $\alpha \in \mathbb{R}$ に対して，$\{f \leq \alpha\} \in \mathcal{B}$ となる．
補題 1.27 と同じようにして次の命題を示せる．

命題 2.9　一般の測度空間における可測関数の性質

$\{f_j\}_{j=1}^{\infty}$ を測度空間 $(X, \mathcal{B}, \mu)$ で定義された $[-\infty, \infty]$ に値をとる $\mathcal{B}$-可測関数列とする.

(1) $\sup_{j \in \mathbb{N}} f_j$, $\inf_{j \in \mathbb{N}} f_j$ は可測である.
(2) $\limsup_{j \to \infty} f_j$, $\liminf_{j \to \infty} f_j$ は可測である.
(3) $\lim_{j \to \infty} f_j$ は存在すれば，可測である.

π-λ 原理も一般化される．

$\mathcal{R}$ を共通部分について閉じている．集合族，$\mathcal{B}$ を $\mathcal{R}$ を含む集合体とする．以下の条件を満たしている部分集合族 $\mathcal{F}$ の全体を $\mathfrak{W}$ とおく．

(1) $\mathcal{R} \subset \mathcal{F} \subset \mathcal{B}$
(2) $A_1, A_2 \in \mathcal{F}$ が $A_1 \supset A_2$ を満たすならば，$A_1 \setminus A_2 \in \mathcal{F}$ が成り立つ．
(3) $A_1, A_2, \ldots \in \mathcal{F}$ が $A_1 \subset A_2 \subset \cdots$ を満たすならば，$\bigcup_{m=1}^{\infty} A_m \in \mathcal{F}$ が成り立つ．

$$\mathcal{S} \equiv \{B \in \mathcal{B} : \text{すべての } \mathcal{F} \in \mathfrak{W} \text{ に対して}, B \in \mathcal{F}\}$$

とすると，$\mathcal{S} = \mathcal{B}$ が成り立つ．

積分の定義はルベーグ測度に対して同じようにできる．ファトゥの補題，ルベーグの収束定理，単調収束定理も証明は同じなので，定義と対応する定理を与えるにとどめる．

定義 2.10　単関数

$(X, \mathcal{B}, \mu)$ を測度空間とする．ϕ が単関数であるとは，

$$\phi = \sum_{j=1}^{N} a_j \chi_{E_j}, \; a_j \in \mathbb{R}, E_j \in \mathcal{B}$$

と表せることである．$N \in \mathbb{N}$ は自由にとれる．

定義 2.11　μ-可積分関数

μ-可測関数 $f : X \to \mathbb{R} \cup \{\pm\infty\}$ もしくは μ-可測関数 $f : X \to \mathbb{C}$ が (μ-) 可積分であるとは,

$$\|f\|_{L^1(\mu)} = \int_X |f(x)|\, d\mu(x) < \infty$$

が成り立つことである. 可積分関数全体のなす集合を $L^1(\mu)$ もしくは $L^1(\mu)$, $L_1(\mu)$, $L_1(X)$, $L_1(X;\mu)$, $L_1(X:\mu)$, $L^1(X)$, $L^1(X;\mu), L^1(X:\mu)$ と表す. したがって, f が μ-可積分であることは, $f \in L^1(\mu)$ もしくは人によっては $f \in L_1(\mu)$ と表すことができる.

命題 2.12　単関数の積分

$(X, \mathcal{B}, \mu)$ を測度空間とする. $n \in \mathbb{N}$, $c_1, c_2, \ldots, c_n \in \mathbb{R}$, E, $E_1, E_2, \ldots, E_n \in \mathcal{B}$ が $\mu(E_j \cap E) < +\infty$ もしくは $c_j \geq 0$ をすべての j についてみたすとき

$$\int_E \left(\sum_{j=1}^n c_j\, \chi_{E_j}(x) \right) d\mu(x) = \sum_{j=1}^n c_j\, \mu(E_j \cap E)$$

である.

定理 2.13　単調収束定理

$(X, \mathcal{B}, \mu)$ を測度空間とする. $\{f_j\}_{j=1}^\infty$ を可測集合 E 上で $0 \leq f_1 \leq f_2 \leq \cdots$ を満たす可測関数列とするとき,

$$\lim_{j \to \infty} \int_E f_j(x)\, d\mu(x) = \int_E \lim_{j \to \infty} f_j(x)\, d\mu(x)$$

が成り立つ.

定理 2.14　ファトゥの補題

$(X, \mathcal{B}, \mu)$ を測度空間とする．$\{f_j\}_{j=1}^{\infty}$ を可測集合 E で定義された $[0, \infty]$ に値をとる可測関数列とするとき，

$$\int_E \liminf_{j \to \infty} f_j(x)\, d\mu(x) \leq \liminf_{j \to \infty} \int_E f_j(x)\, d\mu(x)$$

が成り立つ．

「ほとんどすべて」を「ほとんどいたるところ」，「μ-ほとんどいたるところ」ということもある．μ-a.e. と略記される場合もある．

定理 2.15　項別積分定理

$(X, \mathcal{B}, \mu)$ を測度空間とする．$\{f_j\}_{j=1}^{\infty}$ を可測集合 E で定義された $\sum_{j=1}^{\infty} \int_E |f_j(x)|\, d\mu(x) < \infty$ を満たす複素数値可測関数列とする．このとき，E 上 μ-ほとんどいたるところ $\sum_{j=1}^{\infty} f_j$ は収束していて，

$$\sum_{j=1}^{\infty} \int_E f_j(x)\, d\mu(x) = \int_E \sum_{j=1}^{\infty} f_j(x)\, d\mu(x)$$

が成立する．

定理 2.16　ルベーグの収束定理

$(X, \mathcal{B}, \mu)$ を測度空間とする．可測集合 E 上で定義された $\mathbb{R} \cup \{\pm \infty\}$ に値をとる可測関数列 $\{f_j\}_{j=1}^{\infty}$ が次の条件を満たすならば，$\lim_{j \to \infty} \int_E f_j(x)\, d\mu(x) = \int_E \lim_{j \to \infty} f_j(x)\, d\mu(x)$ が成り立つ．ただし，右辺の $\lim_{j \to \infty} f_j(x)$ は値が存在しないとき 0 と解釈する．

(1) $|f_j(x)| \leq g(x)$, $j = 1, 2, \ldots$, $x \in E$ となる可積分関数 g が存在する．

(2) （極限が存在して，）$\lim_{j \to \infty} f_j(x) = f(x)$ が μ-ほとんどすべての x に対して成立する．

定理 2.17 **連続変数に対するルベーグの収束定理**

$(X, \mathcal{B}, \mu)$ を測度空間とする．$E \in \mathcal{B}$, $a < t_0 < b$ とする．各 $a < t < b$ に対して，可測関数 $f_t : E \to [-\infty, \infty]$ が次の条件を満たすならば，$\lim_{t \to t_0} \int_E f_t(x) \, d\mu(x) = \int_E f_{t_0}(x) \, d\mu(x)$ が成り立つ．

(1) $\lim_{t \to t_0} f_t(x) = f_{t_0}(x)$ が μ-ほとんどすべての $x \in E$ に対して成立する．

(2) $t \in (a, b)$ に対して，$|f_t(x)| \leq g(x)$ となる t には依存しない可積分関数 g が存在する．

定理 2.18 **微分記号と積分記号の入れ替え**

$(X, \mathcal{B}, \mu)$ を測度空間とする．$E \in \mathcal{B}$, $a < t < b$ に対して，関数 $f_t : E \to \mathbb{R} \cup \{\pm\infty\}$ が定義されていると仮定する．

(1) $t \in (a, b)$ に対して，f_t は可積分である．

(2) $f_t(x)$ は μ-ほとんどすべての $x \in E$ に関して，偏微分可能である．

(3) 可積分関数 g が存在して，$|\partial_t f_t(x)| \leq g(x)$, $t \in (a, b)$ が μ-ほとんどすべての $x \in E$ に対して成り立つ．

ならば，$\dfrac{d}{dt} \int_E f_t(x) \, d\mu(x) = \int_E \partial_t f_t(x) \, d\mu(x)$ が成り立つ．

フビニの定理はほかの定理と違って若干厄介である．とりあえずは，σ-集合体の直積を定義しよう．

72　第 2 章　抽象的な測度空間

定義 2.19 σ-集合体の直積

$(X,\mathcal{M},\mu)$ と $(Y,\mathcal{N},\nu)$ を測度空間とする. $E \times F$, $E \in \mathcal{M}$, $F \in \mathcal{N}$ の形をした集合を**可測長方形**といい, $\lambda_0(E \times F) = \mu(E)\nu(F)$ と定義して $\mathcal{M} \otimes \mathcal{N}$ で, 可測長方形をすべて含む最小の σ-集合体を表すとする.

つぎの命題もルベーグ測度と同じ方法で証明できる.

命題 2.20

$(X,\mathcal{M},\mu)$ と $(Y,\mathcal{N},\nu)$ を測度空間とする. 直積外測度 $(\mu \otimes \nu)^*$ を

$$\inf\left\{\sum_{j=1}^{\infty} \lambda_0(C_j) : \text{各 } C_j \text{ は可測長方形で } E \subset \bigcup_{j=1}^{\infty} C_j\right\}$$

と定義する. このとき, $(\mu \otimes \nu)^*$ について, 任意の $E \in \mathcal{M} \otimes \mathcal{N}$ は可測である. つまり, 任意の $F \subset X \times Y$ に対して,

$$(\mu \otimes \nu)^*(F)$$
$$= (\mu \otimes \nu)^*(F \cap E) + (\mu \otimes \nu)^*(F \cap E^c)$$

となる. さらに, $(\mu \otimes \nu)^*$ を $\mathcal{M} \otimes \mathcal{N}$ に制限することで得られる写像は測度である.

定義 2.21 直積測度

$(X,\mathcal{M},\mu)$ と $(Y,\mathcal{N},\nu)$ を測度空間とする. 直積外測度 $(\mu \otimes \nu)^*$ を $\mathcal{M} \otimes \mathcal{N}$ に制限することで得られる測度を $\mu \otimes \nu$ と表す.

定理 2.22 正値関数に対するフビニの定理

$(X,\mathcal{M},\mu)$ と $(Y,\mathcal{N},\nu)$ を σ-有限である測度空間とする. f を非負 $\mathcal{M} \otimes \mathcal{N}$-可測関数とするとき,

(1) すべての $x \in X$ に対して, $f_x = f(x, \cdot)$ は ν-可測である.
(2) 等式

$$\int_X \left(\int_Y f(x,y) \, d\nu(y) \right) d\mu(x)$$
$$= \int_Y \left(\int_X f(x,y) \, d\mu(x) \right) d\nu(y)$$
$$= \int_{X \times Y} f(x,y) \, d\mu \otimes \nu(x,y)$$

が成り立つ.

証明は定理 1.56 と同じである.

定理 2.23　複素数値関数に対するフビニの定理

$(X, \mathcal{M}, \mu)$ と $(Y, \mathcal{N}, \nu)$ を σ-有限である測度空間とする. f を複素数値 $\mathcal{M} \otimes \mathcal{N}$-可積分関数とするとき,

(1) ほとんどすべての $x \in X$ に対して $f_x = f(x, \cdot)$ は ν-可積分である.

(2) $\begin{cases} F = \{y \in X : f(\cdot, y) \in L^1(\mu)\} \\ E = \{x \in X : f_x \in L^1(\nu)\} \end{cases}$ として, 等式

$$\int_E \left(\int_Y f(x,y) \, d\nu(y) \right) d\mu(x)$$
$$= \int_F \left(\int_X f(x,y) \, d\mu(x) \right) d\nu(y)$$
$$= \int_{X \times Y} f(x,y) \, d\mu \otimes \nu(x,y)$$

が成り立つ.

定理 2.22 と定理 2.23 を実用化しておくと憶えやすい.

定理 2.24　複素数値関数に対するフビニの定理のまとめ

$(X, \mathcal{M}, \mu), (Y, \mathcal{N}, \nu)$ を σ-有限な測度空間とする．可測関数 $f : X \times Y \to K$ についての次の条件を考える．

(i) すべての $x \in X$ に対し，$\int_Y |f(x,y)|\, d\nu(y) < \infty$ である．

(ii) すべての $y \in Y$ に対し，$\int_X |f(x,y)|\, d\mu(x) < \infty$ である．

このとき，(A) $K = [0, \infty]$ のときは，(i), (ii) も必要とせず無条件に，(B) $K = \mathbb{C}$ かつ (i), (ii) が成り立つときは，可積分ならば

$$\int_{X \times Y} f(x,y) d\mu \otimes \nu(x,y)$$
$$= \int_X \left(\int_Y f(x,y) d\nu(y) \right) d\mu(x)$$
$$= \int_Y \left(\int_X f(x,y) d\mu(x) \right) d\nu(y)$$

が成り立つ．

問題 2.1

(1) $X = \{1,2,3\}$ 上の σ-集合体は $2^X, \{\emptyset, \{1\}, \{2,3\}, X\}$ 以外に 3 つあるが，その 3 つを網羅せよ．

(2) 「$\mathbb{Q}, \mathbb{C}, \mathbb{R}, \{\emptyset, \mathbb{R}\} (\subset 2^\mathbb{R}), \{\emptyset, \{1\}, \mathbb{R}\} (\subset 2^\mathbb{R})$」のうち，$\sigma$-集合体はどれか？

問題 2.2

広義単調減少非負値数列 $\{a_n\}_{n=1}^\infty$ が $\sum_{n=1}^\infty a_n < \infty$ を満たしているとき，$\mathbb{N}$ に計数測度 μ を入れることで，$\lim_{n \to \infty} n a_n = 0$ を証明せよ．

問題 2.3　測度空間の制限

$(Y, \mathcal{N}, \nu)$ を測度空間，$X \in \mathcal{N}$ とする．$\mathcal{M} = \{E \in \mathcal{N} : E \subset X\}$ とおく．$E \in \mathcal{M}$ に対して $\nu(E) = \mu(E)$ と定義すれば $(X, \mathcal{M}, \mu)$ は測度空間になることを示せ．

問題 2.4

k, m, n を自然数とする．$\mathcal{O}_{\mathbb{R}^k}$ で k 次元ユークリッド空間の開集合全体のなす集合族を表すことにする．$\mathcal{O}_{\mathbb{R}^n \times \mathbb{R}^m}$ と $\mathcal{O}_{\mathbb{R}^{n+m}}$ は同義語である．また，$\mathcal{B}(\mathbb{R}^k)$ で $\mathbb{R}^k$ のボレル集合全体のなす集合を表す．

(1) $\mathcal{Z} = \{A \times B \in 2^{\mathbb{R}^{n+m}} : A \in \mathcal{O}_{\mathbb{R}^n}, B \in \mathcal{O}_{\mathbb{R}^m}\}$ とおく．$\sigma(\mathcal{Z})$ で $\mathcal{Z}$ を含む最小の σ-集合体を表すとする．このとき，
$$\mathcal{B}(\mathbb{R}^n) \otimes \mathcal{B}(\mathbb{R}^m) = \sigma(\mathcal{Z}) \tag{2.2}$$
を示せ．

(2) $\mathcal{B}(\mathbb{R}^n) \otimes \mathcal{B}(\mathbb{R}^m) = \mathcal{B}(\mathbb{R}^{n+m})$ を示せ．

問題 2.5

$(X, \mathcal{B}, \mu)$ を測度空間，f, g, f_j, g_j $(j \in \mathbb{N})$ は実数値可測関数とする．$g_j \geq 0, g \geq 0, g_j, g \in L^1(\mu)$，$j \to \infty$ のとき，$g_j \to g, \mu$-a.e. および $\|g_j\|_{L^1(\mu)} \to \|g\|_{L^1(\mu)}$ を仮定する．

(1) 各 $j \geq 1$ に対して，μ-ほとんどいたるところ $0 \leq f_j(x) + g_j(x)$ ならば，$\displaystyle\int_X \liminf_{j \to \infty} f_j(x) d\mu(x) \leq \liminf_{j \to \infty} \int_X f_j(x)\, d\mu(x)$ となることを示せ．

(2) すべての $j \geq 1$ に対して，μ-ほとんどいたるところ $f_j(x) \to f(x)$ かつ $|f_j(x)| \leq g_j(x)$ ならば，$\displaystyle\lim_{j \to \infty} \|f_j - f\|_{L^1(\mu)} = 0$ であることを示せ．

問題 2.6

$0 \leq k \leq n$ を満たす整数 k, n に対して，$b_k^n = k^{-n}{}_n\mathrm{C}_k$ と定める．$k, n \geq 0$, $k > n$ を満たす整数 k, n に対しては $b_k^n = 0$ とする．

(1) $X = \mathbb{N} \cup \{0\}$ に計数測度 μ を与えて，$(X, 2^X, \mu)$ を測度空間とする．X 上の関数と数列は同義であることに注意してファトゥの補題を書き下せ．

(2) $\displaystyle \lim_{n \to \infty} \left(1 + \frac{1}{n}\right)^n = \lim_{n \to \infty} \left(\sum_{k=0}^{\infty} b_k^n\right) = \sum_{k=0}^{\infty} \frac{1}{k!}$ を示せ．

問題 2.7

2重数列 $\{a_{n,m}\}_{n,m \in \mathbb{N}}$ は n に関する極限が存在しているとする．つまり，各 $m \in \mathbb{N}$ につき，

$$a_m = \lim_{n \to \infty} a_{n,m} \tag{2.3}$$

が存在しているとする．このとき，無限級数を適当な積分として表すことにより各 $m \in \mathbb{N}$ につき，

$$\left(\sum_{n=1}^{\infty} |a_n - a_{n,m}|^2\right)^{\frac{1}{2}} \leq \liminf_{M \to \infty} \left(\sum_{n=1}^{\infty} |a_{n,M} - a_{n,m}|^2\right)^{\frac{1}{2}} \tag{2.4}$$

を証明せよ．

問題 2.8　分布関数による積分の表現

$(X, \mathfrak{B}, \mu)$ を σ-有限な測度空間，f を X 上の非負値可測関数とする．各 $y > 0$ に対して $g(y) \equiv \mu\{x \in X : f(x) \geq y\}$ とおくとき，$\displaystyle \int_X f(x)\,d\mu(x) = \int_0^{\infty} g(t)\,dt$ を示せ．

2.2 積分不等式

ここでは,断りがない場合を除いて,E は測度空間 $(X, \mathcal{B}, \mu)$ の可測集合とする.

定理 2.25　積分の単調性

$(X, \mathcal{B}, \mu)$ を測度空間とする.$f, g : X \to [-\infty, \infty]$ が μ-可積分関数で,μ-ほとんどいたるところ $f \leq g$ のとき,

$$\int_X f(x)\,d\mu(x) \leq \int_X g(x)\,d\mu(x)$$

が成り立つ.

[証明]　これは正値可積分関数の性質と線形性より明らかである.　□

この不等式を用いていろいろな不等式を示せる.

定理 2.26　積分の三角不等式

$(X, \mathcal{B}, \mu)$ を測度空間とする.このとき,可積分関数 $f : X \to \mathbb{C}$ について,

$$\left| \int_X f(x)\,d\mu(x) \right| \leq \|f\|_{L^1(\mu)}$$

が成り立つ.

[証明]　$e^{i\theta} \int_X f(x)\,d\mu(x) = \operatorname{Re}\left[e^{i\theta} \int_X f(x)\,d\mu(x) \right] \geq 0$ となるように実数 θ をとると,$\left| \int_X f(x)\,d\mu(x) \right| \leq \int_X \operatorname{Re}\left[e^{i\theta} f(x) \right] dx \leq \|f\|_{L^1(\mu)}$ となる.ここで,最後の不等式に定理 2.25 を用いた.　□

| 定理 2.27 | チェビシェフの不等式 |

$(X, \mathcal{B}, \mu)$ を測度空間, f を μ-可測関数, $\lambda > 0$ とするとき,

$$\mu\{|f| > \lambda\} \leq \frac{1}{\lambda} \|f\|_{L^1(X)} \qquad (2.5)$$

が成り立つ.

[証明] 定理 2.25 と不等式 $\chi_{\{|f|>\lambda\}} \leq \lambda^{-1}|f|$ を組み合わせよ. □

次の系は可積分関数はあまり絶対値が大きくならないことを主張している.

| 系 2.28 |

可積分関数 $f : X \to \mathbb{R} \cup \{\pm\infty\}$ に対して, ほとんどいたるところ f は有限である. つまり, $\mu\{|f| = \infty\} = 0$ が成り立つ.

[証明] $\lambda > 0$ に対して, $\{|f| = \infty\} \subset \{|f| > \lambda\}$ だから, チェビシェフの不等式より,

$$\mu\{|f| = \infty\} \leq \mu\{|f| > \lambda\} \leq \frac{1}{\lambda} \int_X |f(x)| \, d\mu(x).$$

$\lambda > 0$ は任意で $f \in L^1(\mu)$ だから, $|\{|f| = \infty\}| = 0$ となる. □

定理 1.57 と系 1.47 でどのように使われているかを調べてみよう. そこで, L^p-空間とそれに関連する不等式を調べる.

| 定義 2.29 | $L^p(E)$-空間 |

E を $(\mu$-$)$ 可測集合とする.

(1) $1 \leq p < \infty$, 可測関数 $f : E \to \mathbb{R} \cup \{\pm\infty\}$ もしくは可測関数 $f : E \to \mathbb{C}$ に対して, $L^p(E)$-ノルム $\|f\|_{L^p(E)}$ は

$$\|f\|_{L^p(E)} = \left(\int_E |f(x)|^p \, d\mu(x)\right)^{\frac{1}{p}}$$ で定義される．この量は文脈から $\|f\|_{L^p(\mu;E)}$, $\|f\|_p$ などと書くこともある．

(2) 可測関数 $f : E \to \mathbb{R} \cup \{\pm\infty\}$ もしくは可測関数 $f : E \to \mathbb{C}$ に対して，$L^\infty(E)$-ノルムは μ-ほとんどすべての $x \in E$ に対して $|f(x)| \leq R$ となる実数 R の下限として定義される．この下限 $\|f\|_{L^\infty(E)}$ を f の本質的上限という．ただし，このような R が存在しないときは ∞ と定める．

(3) E が区間のときは $L^p(E)$ のかわりに $L^p E$ と書く．

(4) E が可算集合で，μ が計数測度のとき，$L^p(E)$ を $\ell^p(E)$ と書く．

例 2.30

$\ell \in (0, \infty)$ とする．

(1) 有界可測関数は $L^2[-\ell, \ell]$-関数である．有界可測関数 f は適当な $M > 0$ に対して，$|f(x)| \leq M \; (x \in [-\ell, \ell])$ を満たしているので，積分の単調性により，

$$\|f\|_{L^2[-\ell,\ell]} = \left(\int_{-\ell}^{\ell} |f(x)|^2 \, dx\right)^{\frac{1}{2}} \leq \left(\int_{-\ell}^{\ell} M^2 \, dx\right)^{\frac{1}{2}} < \infty$$

となるからである．

(2) $f(x) = |x|^{-p}$ とする．f が $L^2[-\ell, \ell]$-関数であるためには，系 1.43 より $p < \dfrac{1}{2}$ が必要十分である．

以後，$L^p(E)$ の性質について調べていきたい．次の補題は簡単な計算なので，証明は省略する．

命題 2.31　ヤングの不等式

$1 < p < \infty$ とする. $q = \dfrac{p}{p-1}$ とおくとき,
$$ab \leq \frac{a^p}{p} + \frac{b^q}{q} \quad (a, b > 0) \tag{2.6}$$
が成り立つ.

この命題の q は重要なので，名前が与えられている．

定義 2.32　調和共役

$1 \leq p \leq \infty$ とする.

$$q = \begin{cases} \infty & (p = 1) \\ \dfrac{p}{p-1} & (1 < p < \infty) \\ 1 & (p = \infty) \end{cases}$$

とおく. q を p の調和共役という．

積分不等式の中でも次のものは重要である．

定理 2.33　ヘルダーの不等式とミンコフスキーの不等式

$1 \leq p \leq \infty$, q は p の調和共役とする. $(X, \mathcal{B}, \mu)$ を測度空間とする. f, g を X 上の可測関数とする.
(1) $\|f \cdot g\|_1 \leq \|f\|_p \|g\|_q$ (ヘルダーの不等式)
(2) $\|f + g\|_p \leq \|f\|_p + \|g\|_p$ (ミンコフスキーの不等式)

$L^p(X)$ における積分不等式はミンコフスキーの不等式のようにひとつの空間 $L^p(X)$ を考える場合と，ヘルダーの不等式のように複数のパラメータ p, q に対する $L^p(X)$ と $L^q(X)$ を考える場合がある．

[証明] $L^p(X)$-ノルムの定義より，f と g は正値としてよい．$p = 1$ か $p = \infty$ のときの証明は易しいので省略する．単調収束定理 (定理 1.34) より，f と g は単関数としてよい．更に f と g はほとんどいたるところ 0 ではないとしてよい．

(1) $a, b > 0$ とする．補題 2.31 より，$ab = (\theta a)(\theta^{-1} b) \leq \dfrac{\theta^p a^p}{p} + \dfrac{\theta^{-q} b^q}{q}$ だから，$\|f \cdot g\|_1 \leq \dfrac{\theta^p \|f\|_p{}^p}{p} + \dfrac{\theta^{-q} \|g\|_q{}^q}{q}$ となる．そこで，$\theta > 0$ を $\theta^p \|f\|_p{}^p = \theta^{-q} \|g\|_q{}^q$ となるように選べば，ヘルダーの不等式が得られる．

(2) 等式
$$\frac{f(x) + g(x)}{\|f\|_p + \|g\|_p} = \frac{\|f\|_p}{\|f\|_p + \|g\|_p} \frac{f(x)}{\|f\|_p} + \frac{\|g\|_p}{\|f\|_p + \|g\|_p} \frac{g(x)}{\|g\|_p}$$
を用いる．関数 $\varphi(t) = t^p$，$t \geq 0$ の凸性によって，
$$\int_E \left(\frac{f(x) + g(x)}{\|f\|_p + \|g\|_p} \right)^p d\mu(x) \leq \int_E \frac{\|f\|_p}{\|f\|_p + \|g\|_p} \frac{f(x)^p}{\|f\|_p{}^p} d\mu(x)$$
$$+ \int_E \frac{\|g\|_p}{\|f\|_p + \|g\|_p} \frac{g(x)^p}{\|g\|_p{}^p} d\mu(x)$$
$$= 1$$
となるので，ミンコフスキーの不等式が得られる． □

ヘルダーの不等式において，等号が成立する場合を調べておくことは重要である．

定理 2.34 **ヘルダーの不等式の書き換え**

$1 \leq p < \infty$ とする．f, g を可測関数とする．q で p の調和共役を表すとき，測度空間 $(X, \mathcal{B}, \mu)$ 上
$$\|f\|_p = \max\{\|f \cdot g\|_1 : \|g\|_q = 1\}$$
が成り立つ．また，

$$\|f\|_\infty = \sup\{\|f \cdot g\|_1 : \|g\|_1 = 1\}$$

が成り立つ．

[証明]　少なくともヘルダーの不等式により，$1 \le p \le \infty$ のとき，

$$\|f\|_p \ge \sup\{\|f \cdot g\|_1 : \|g\|_q = 1\}$$

が成り立つ．$1 \le p < \infty$ とする．$g(x) = \dfrac{\overline{f(x)}|f(x)|^{p-2}}{(\|f\|_p)^{p-1}}, x \in E$ は $\|f \cdot g\|_1 = \|f\|_p$ と $\|g\|_q = \dfrac{(\|\,|f|^p\,\|_1)^{\frac{1}{q}}}{(\|f\|_p)^{p-1}} = 1$ を満たす．$p = \infty$ の場合は，任意の $M \in [0, \|f\|_\infty)$ に対して，ある正の可測集合 N が存在して，すべての $x \in N$ について，$|f(x)| \ge M$ が成り立つ．よって，$g = \mu(N)^{-1}\chi_N$ を考えて，

$$\sup\{\|f \cdot g\|_1 : \|g\|_1 = 1\} > M$$

が得られる．$M \in [0, \|f\|_\infty)$ だから，$p = \infty$ の場合も結論が得られる． □

$p = 2$ の場合は次に示すように内積という概念が $L^p(E)$ にそなわっている．$f \cdot g \in L^2(X)$ に対して，

$$\langle f, g \rangle_{L^2(X)} = \int_X f(x)\overline{g(x)}\,d\mu(x)$$

を L^2-内積（$L^2(X)$-内積）という．複素線形空間 V における内積とは，各 $x, y \in V$ に対して，以下の条件を満たしている複素数のデータの集まり $\langle x, y \rangle$ である．$\overline{\langle y, x \rangle}$ は $\langle y, x \rangle$ の複素共役である．

(1) すべての $x \in V$ に対して，$\langle x, x \rangle \ge 0$ が成り立つ．すべての $x \in V$ に対して，$\langle x, x \rangle = 0$ となるのは $x = 0$ だけである．

(2) すべての $x, y, z \in V$ と複素数 α に対して，

$$\langle \alpha x + y, z \rangle = \alpha \langle x, z \rangle + \langle y, z \rangle$$

を満たす．

(3) $\langle x, y \rangle = \overline{\langle y, x \rangle}$ を満たす．

命題 2.35

$(X, \mathcal{B}, \mu)$ を測度空間とする．$\mathbb{C}$-線形空間 $L^2(X)$ には内積

$$\langle f, g \rangle_{L^2(X)} = \int_X f(x) \overline{g(x)} \, d\mu(x)$$

がそなわっている．

[証明]

(1) すべての $f \in L^2(X)$ に対して $\langle f, f \rangle_{L^2(X)} \geq 0$ が成り立つ．実際に，

$$\langle f, f \rangle_{L^2(X)} = \int_X f(x) \overline{f(x)} \, d\mu(x) = \int_X |f(x)|^2 \, d\mu(x) \geq 0$$

である．また，$f \in L^2(X)$ に対して，$\langle f, f \rangle_{L^2(X)} = 0$ となるのは f が μ-a.e. 0 に等しいときである．

(2) すべての $f_1, f_2, g \in L^2(E)$ と複素数 $\alpha \in \mathbb{C}$ に対して

$$\langle \alpha f_1 + f_2, g \rangle_{L^2(X)} = \int_X (\alpha f_1(x) + f_2(x)) \overline{g(x)} \, d\mu(x)$$
$$= \alpha \int_X f_1(x) \overline{g(x)} \, d\mu(x) + \int_X f_2(x) \overline{g(x)} \, d\mu(x)$$
$$= \alpha \langle f_1, g \rangle_{L^2(X)} + \langle f_2, g \rangle_{L^2(X)}$$

が成り立つ．

(3) $f, g \in L^2(X)$ をとる．内積 $\langle f, g \rangle_{L^2(X)} = \int_X f(x) \overline{g(x)} \, d\mu(x)$ を複素共役を用いて書き換える．被積分関数の複素共役をとり，それを積分すると，もとの関数の積分値の複素共役となるから，

$$\langle f,g\rangle_{L^2(X)} = \overline{\int_X \overline{f(x)\overline{g(x)}}\,d\mu(x)}$$

となる．複素共役を2回とると，もとに戻るから，

$$\langle f,g\rangle_{L^2(X)} = \overline{\int_X \overline{f(x)}g(x)\,d\mu(x)} = \overline{\langle g,f\rangle_{L^2(X)}}$$

が成り立つ． □

ミンコフスキーの不等式として知られるものには2重積分に対してのものもあり，これは非常に重宝する．

定理 2.36 **積分のミンコフスキーの不等式**

$(X,\mathcal{M},\mu)$ と $(Y,\mathcal{N},\nu)$ を σ-有限である測度空間とする．このとき，$1 \leq q \leq p < \infty$ に対して，

$$\left\{\int_X \left(\int_Y |F(x,y)|^q\,d\nu(y)\right)^{\frac{p}{q}} d\mu(x)\right\}^{\frac{1}{p}}$$
$$\leq \left\{\int_Y \left(\int_X |F(x,y)|^p\,d\mu(x)\right)^{\frac{q}{p}} d\nu(y)\right\}^{\frac{1}{q}}$$

が成り立つ．

[証明] $\dfrac{p}{q}$ を p と見なすことで，$q=1$ としてよい．このとき，定理 2.34 から，$\|G\|_{L^{p'}(\nu)} = 1$ かつ 左辺 $= \displaystyle\int_{X\times Y} F(x,y)G(y)\,d\nu\otimes\mu(y,x)$ となる $G \in L^{p'}(\nu)$ が存在する．ここでフビニの定理と定理 2.34 から，

$$\text{左辺} = \int_Y \left(\int_X F(x,y)G(y)\,d\mu(x)\right) d\nu(y)$$
$$\leq \int_Y \left(\int_X |F(x,y)|^p\,d\mu(x)\right)^{\frac{1}{p}} d\nu(y)$$

が得られる． □

不等式がいろいろと得られたところで，関数解析の立場からノルム空間を眺めてみる．ノルム空間のもととなる距離空間の定義から復習しよう．

定義 2.37　距離関数

D を集合とする．写像 $d : (x, y) \in D \times D \mapsto d(x, y) \in [0, \infty)$ が距離関数であるとは，以下の 2 条件を満たすことである．

(1) $x, y \in D$ について $d(x, y) = 0$ となる必要十分条件は $x = y$ である．
(2) 各 $x, y \in D$ について $d(x, y) = d(y, x)$ となる．
(3) 各 $x, y, z \in D$ について $d(x, z) \leq d(x, y) + d(y, z)$ となる．

距離関数がそなわった集合を距離空間という．

距離関数が定義できると，その特別な例としてノルム空間が定義できる．

定義 2.38　ノルム空間

V を実線形空間とする．写像 $\|\cdot\| : x \in V \mapsto \|x\| \in [0, \infty)$ がノルムであるとは，以下の 2 条件を満たすことである．

(1) $d(x, y) = \|x - y\|, x, y \in V$ は距離関数となる．
(2) $\|ax\| = |a| \cdot \|x\|$ がすべての $x \in V$ と $a \in \mathbb{R}$ に対して成り立つ．

ノルムがそなわった実線形空間を実ノルム空間という．

複素数の場合も同様に定義が与えられる．$|a|$ は複素数における絶対値と解釈する．ノルム空間とは複素ノルム空間と実ノルム空間の総称である．

定義 2.39　バナッハ空間

ノルム空間において，対応する距離が完備であるとき，その空間をバナッハ空間という．つまり，ノルム空間 V がバナッハ空間であるとは次の条件を満たしていることである．

任意の $\varepsilon > 0$ に対して，ある N が存在して，$m, n > N$ ならば，$\|x_m - x_n\| < \varepsilon$ となる V の点列 $\{x_n\}_{n=1}^{\infty}$ が収束する．

定義 2.40　ノルム空間としての $L^p(E)$-空間

$1 \leq p \leq \infty$，$(X, \mathcal{B}, \mu)$ を測度空間とする．$L^p(E)$ は可測関数 f で $\|f\|_{L^p(E)}$ が有限なもの全体のなす線形空間とする．μ を強調したいときは $L^p(\mu)$ と表し，$E = \mathbb{R}^n$ もしくは自明の場合は E を省く．μ, E を強調したいときは $L^p(\mu; E)$，$L^p(\mu, E), L^p(\mu : E)$ と表す．$L^p(\mu)$ において，測度 0 の集合の違いを除いて同じ関数は同一視される．

数学における集合 Z における同値関係とはすべての $z, z_1, z_2, z_3 \in Z$ に対して，次の条件を満たしている $Z \times Z$ の部分集合 R のことである．

- $(z, z) \in R$ である．
- $(z_1, z_2) \in R$ ならば，$(z_2, z_1) \in R$ である．
- $(z_1, z_2), (z_2, z_3) \in R$ ならば，$(z_1, z_3) \in R$ である．

また，このとき $(z, w) \in R$ であることを $z \sim w$ と書く．z と w は同値であるという．Z の部分集合全体のなす集合族 2^Z の元 $[z]$ を $[z] = \{w \in Z : w \sim z\}$ とおく．$[z]$ を代表元 z の属する同値類と呼ぶ．今の状況では，p 乗可積分な関数全体のなす線形空間に μ-ほとんどいたるところ一致する関数は同値であるという同値関係を与えて，同値類を考えている．したがって，厳密に言うと一般には $L^p(\mu)$-関数 $[f]$ の値 $f(x), x \in X$ は意味を成さない．しかしなが

ら，いくつかの場合ではこの状況にもかかわらず $f(x)$ の値を考えることができる．f が $\mathbb{R}^n$ 上の連続関数の場合はほとんどいたるところ $f = g$ となる連続関数 g は f しかないので，$f(x)$ を考えることに意味がある．また，計数測度を考える場合は $f(x) = g(x)$ がほとんどいたるところ成り立つとき $f = g$ なので，やはり $f(x)$ を考えることができる．

例 2.41

$L^1(\mathbb{R})$ において，$\chi_{(0,1)}$ と $\chi_{[0,1]}$ は同じ関数と見なせる．

ルベーグ積分が有用である理由は，積分に関する完備性が成り立つからである．

定理 2.42 $L^p(E)$ **の完備性**

$(X, \mathcal{B}, \mu)$ は測度空間，$1 \leq p \leq \infty$ とする．$L^p(E)$ は完備である．すなわち，関数列 $\{f_n\}_{n=1}^{\infty} \subset L^p(\mu)$ が

$$\lim_{L \to \infty} \left(\sup_{n,m \geq L} \|f_m - f_n\|_p \right) = 0$$

を満たしているならば，ある $f \in L^p(\mu)$ が存在して，

$$\lim_{n \to \infty} \|f_n - f\|_p = 0$$

が成り立つ．

[証明] 増大数列 $L_1 < L_2 < \cdots$ を

$$\sup_{n,m \geq L_k} \|f_m - f_n\|_p \leq 2^{-k} \quad (k = 1, 2, \ldots) \tag{2.7}$$

となるようにとる．すると，$G = |f_{L_1}| + \sum_{l=1}^{\infty} |f_{L_{l+1}} - f_{L_l}|$ は不等式 $\|G\|_p \leq \|f_{L_1}\|_p + \sum_{l=1}^{\infty} \|f_{L_{l+1}} - f_{L_l}\|_p \leq \|f_{L_1}\|_p + 1$ を満たしている．

よって，G はほとんどいたるところ有限値である．つまり，

$$F(x) \equiv f_{L_1}(x) + \sum_{l=1}^{\infty}(f_{L_{l+1}}(x) - f_{L_l}(x))$$

は $G(x) < \infty$ となる $x \in X$ に対して収束している．$G(x) = \infty$ のときは，$F(x) = 0$ とする．(2.7) から $n \to \infty$ としてファトゥの補題を用いると，$\sup_{m \geq L_k} \|f_m - f\|_p \leq 2^{-k}$ が得られる．したがって，これが探している $f \in L^p(\mu)$ である． $\square$

いままでは特に，一般的な集合 X における積分を考察してきたが，位相構造，代数構造をもつ $\mathbb{R}^n$ ではそれらの構造と整合した性質が重要となる．

定義 2.43　局所可積分性

可測関数 $f: \mathbb{R}^n \to \mathbb{R}$ が局所可積分であるとは，任意の直方体 $R \in \mathcal{R}$ に対して，$\chi_R \cdot f$ が可積分であることである．

系 2.44

$1 \leq p \leq \infty$ のとき，L^p-関数は局所可積分である．

[証明]　ヘルダーの不等式より明らかである． $\square$

正値可測関数の単調増大極限として表されるという以外には可積分関数の構造は非常に複雑である．そこで，可積分関数を $C_c(\mathbb{R}^n)$-級，もっといえば，$C_c^{\infty}(\mathbb{R}^n)$-級関数で近似したい．ここで，$C(\mathbb{R}^n)$ で $\mathbb{R}^n$ で定義された連続関数全体のなす線形空間を表すとして，

$$\mathrm{supp}(f) \equiv \overline{\{f \neq 0\}}, f \in C(\mathbb{R}^n)$$
$$C_\mathrm{c}(\mathbb{R}^n) \equiv \{f \in C(\mathbb{R}^n) : \mathrm{supp}(f) \text{ はコンパクト } \}$$
$$C_\mathrm{c}^\infty(\mathbb{R}^n) \equiv C_\mathrm{c}(\mathbb{R}^n) \cap C^\infty(\mathbb{R}^n)$$

とおく．つまり，$f \in C_\mathrm{c}(\mathbb{R}^n)$ であるとは，f は連続で，ある $R > 0$ が存在して，$|x| > R$ のときに $f(x) = 0$ が成り立つことである．

命題 2.45 $C_\mathrm{c}(\mathbb{R}^n)$ の $L^1(\mathbb{R}^n)$ における稠密性

ボレル可積分関数 f の積分は $C_\mathrm{c}(\mathbb{R}^n)$ 関数による近似が可能である．つまり，$f : \mathbb{R}^n \to \mathbb{R}$ が可積分で $\varepsilon > 0$ ならば，$\|f - g\|_1 < \varepsilon$ となるように $g \in C_\mathrm{c}(\mathbb{R}^n)$ を選べる．

一般に数学における稠密性とは，大まかにいって近似ができることをいう．また，この命題は証明を少し修正すると，ルベーグ可積分関数に対しても正しいとわかる．

[証明] 何段階かに分けて証明する．

(i) E を有限測度の可測集合として，$f = \chi_E$ のときを考える．この場合ですら，証明はかなり難しい．直方体 R を固定しておく．

$$\mathcal{C}_R \equiv \bigcap_{\varepsilon > 0} \bigcup_{g \in C_\mathrm{c}(\mathbb{R}^n)} \{F \in \mathcal{B}(\mathbb{R}^n) : \|g - \chi_{F \cap R}\|_1 < \varepsilon\}$$

とおこう．すると，$\mathcal{R} \subset \mathcal{C}_R$ となる．ここで，集合 $F \in \mathcal{C}_R$ に対して，$F^c \in \mathcal{C}_R$ を示そう．$\varepsilon > 0$ とする．$\mathcal{R} \subset \mathcal{C}_R$ だから $\varphi \in C_\mathrm{c}(\mathbb{R}^n)$ と $\psi \in C_\mathrm{c}(\mathbb{R}^n)$ をうまく選べば，$\|\varphi - \chi_R\|_1 < \dfrac{\varepsilon}{2}$ かつ $\|\psi - \chi_{R \cap F}\|_1 < \dfrac{\varepsilon}{2}$ となる．よって，積分の三角不等式から $\|\varphi - \psi - \chi_{R \cap F^c}\|_1 < \varepsilon$ が得られる．よって $F^c \in \mathcal{C}_R$ が得られた．

次に，$F_1, F_2 \in \mathcal{C}_R$ に対し $F_1 \cap F_2 \in \mathcal{C}_R$ を示そう．$F_1, F_2 \in \mathcal{C}_R$ だから，すべての $\varepsilon > 0$ に対して $\varphi_1, \varphi_2 \in C_\mathrm{c}(\mathbb{R}^n)$ が存在して，

$$\|\varphi_j - \chi_{F_j \cap R}\|_1 < \frac{\varepsilon}{2}, \ j = 1, 2 \tag{2.8}$$

となる．φ_j を $\max(0, \min(\varphi_j, 1))$ で置き換えて，$0 \leq \varphi_j \leq 1$ としてよい．すると，三角不等式により，

$$|\varphi_1(x)\varphi_2(x) - \chi_{F_1 \cap F_2}(x)|$$
$$\leq \varphi_2(x)|\varphi_1(x) - \chi_{F_1}(x)| + |\chi_{F_1}(x)\varphi_2(x) - \chi_{F_1}(x)\chi_{F_2}(x)|$$
$$\leq |\varphi_1(x) - \chi_{F_1}(x)| + |\chi_{F_1}(x)\varphi_2(x) - \chi_{F_1}(x)\chi_{F_2}(x)|$$
$$\leq |\varphi_1(x) - \chi_{F_1}(x)| + |\varphi_2(x) - \chi_{F_2}(x)|$$

だから，

$$\|\varphi_1\varphi_2 - \chi_{F_1 \cap F_2}\|_1 \leq \|\varphi_1 - \chi_{F_1}\|_1 + \|\varphi_2 - \chi_{F_2}\|_1 < \varepsilon$$

となる．したがって，$F_1 \cap F_2 \in \mathcal{C}_R$ が証明された．

次に，$F_1, F_2, \ldots \in \mathcal{C}_R$ を互いに交わらない列とする．系 1.19 により，任意の $\varepsilon > 0$ に対して，自然数 N がとれて，

$$m\left(\bigcup_{j=1}^{\infty}(R \cap F_j) \setminus \bigcup_{j=1}^{N} F_j\right) < \frac{\varepsilon}{2}$$

である．$F_1, F_2, \ldots, F_N \in \mathcal{C}_R$ だから，

$$\varphi_1, \varphi_2, \ldots, \varphi_N \in C_c(\mathbb{R}^n) \tag{2.9}$$

を $\|\varphi_j - \chi_{R \cap F_j}\|_1 < \frac{\varepsilon}{2N}$ となるようにとれる．$\varphi = \sum_{j=1}^{N} \varphi_j$ とすると，$\|\varphi - \chi_{R \cap \bigcup_{j=1}^{\infty} F_j}\|_1 < \varepsilon$ である．よって，$\bigcup_{j=1}^{\infty} F_j \in \mathcal{C}_R$ となる．以上の考察から $\mathcal{C}_R$ は $\mathcal{R}$ を含む σ-集合体であるので，$\mathcal{C}_R = \mathcal{B}$ が証明された．示すべき E に戻って，$E \in \mathcal{B} = \mathcal{C}_R$ は測度が有限で，直方体 R は任意なので，所望の結果が証明された．

(ii) 線形性によって f が単関数でも定理の結論が成り立つ.
(iii) 正値可積分関数は正値単関数の単調増大列によって近似できるから, f が正値可積分関数でも定理の結論が成り立つ.
(iv) 最後に, f が一般の可積分関数でも $f = f^+ - f^-$ と分けることによって, f が正値可積分関数でも定理の結論が成り立つ. □

同じ方法で任意のルベーグ可測集合 A と $M \in (0, |A|)$ に対し, A に含まれるコンパクト集合 K を $M < |K|$ となるようにとれることを示せる. これをルベーグ測度の正則性という.

次になめらかさをもつ関数による近似を考える.

$t \in \mathbb{R}$ に対して,

$$\tilde{\rho}(t) = \begin{cases} \exp(-t^{-1}) & (t > 0) \\ 0 & (t \leq 0) \end{cases}$$

とする. $N \in \mathbb{N}$ についての帰納法で $\tilde{\rho} \in C^N(\mathbb{R})$ と証明できるから, $\tilde{\rho} \in C^\infty(\mathbb{R})$ である. $x \in \mathbb{R}^n$ に対して, $\rho_0(x) = \tilde{\rho}(1 - |x|^2)$ とおけば, $\rho \in C_c^\infty(\mathbb{R}^n)$ である. つまり, $C_c^\infty(\mathbb{R}^n)$ には 0 でない非負値関数が存在する. 次の定理では, そのような関数で可積分関数を近似できることを示す.

定理 2.46 $C_c^\infty(\mathbb{R}^n)$ の $L^1(\mathbb{R}^n)$ における稠密性

任意の可積分関数 $f : \mathbb{R}^n \to \mathbb{R}$ と任意の $\varepsilon > 0$ に対して, $g \in C_c^\infty(\mathbb{R}^n)$ を $\|f - g\|_1 < \varepsilon$ となるように選べる.

[証明] 命題 2.45 より, $f \in C_c(\mathbb{R}^n)$ としてよい. $\rho \in C_c^\infty(\mathbb{R}^n)$ を正値関数で積分が 1 となるものとして $\rho_j(x) = j^n \rho(jx)$ とおこう. $f_j : \mathbb{R}^n \to \mathbb{C}$ を

$$f_j(x) = \int_{\mathbb{R}^n} \rho_j(x-y)f(y)\,dy \quad (x \in \mathbb{R}^n)$$

と定義する．各 f_j は各多重指数 α に対して

$$\partial^\alpha f_j(x) = \int_{\mathbb{R}^n} \partial^\alpha \rho_j(x-y)f(y)\,dy \quad (x \in \mathbb{R}^n)$$

を満たしているから，$C^\infty(\mathbb{R}^n)$-級である．$\{f_j\}_{j=1}^\infty$ は一様収束して，一定のコンパクト集合に台をもつから，ルベーグの収束定理によって，

$$\lim_{j \to \infty} \|f - f_j\|_1 = 0 \tag{2.10}$$

となる．$\varepsilon > 0$ に応じて j を大きくとって $g = f_j$ とすれば，求める g が得られる． □

命題 2.45 と定理 2.46 は L^1 を L^p, $1 \leq p < \infty$ とおきかえてもよい．

定義 2.47　たたみ込み積

可測関数 f, g について，積分の定義式が意味をなす限り，

$$f * g(x) = \int_{\mathbb{R}^n} f(x-y)g(y)\,dy \quad (x \in \mathbb{R}^n)$$

と定義する．

定義式に現れる積分が意味をなさないような x に対しては $f * g(x)$ を考えない．もしくはむりやり $f * g(x) = 0$ と定める．$1 \leq p \leq \infty$ として，$f \in L^p(\mathbb{R}^n)$ かつ $g \in L^{p'}(\mathbb{R}^n)$ ならばヘルダーの不等式により $f * g(x)$ をすべての x に対して考えることができるが，それ以外に重要な場合として次のヤングの不等式と呼ばれる定理がある．

| 定理 2.48 | **ヤングの不等式** |

$1 \leq r < \infty$ とする．$f \in L^r(\mathbb{R}^n)$, $g \in L^1(\mathbb{R}^n)$ とする．$f * g(x)$ を定義している積分の被積分関数 $f(x - \cdot)g(\cdot)$ はほとんどすべての $x \in \mathbb{R}^n$ に対して可積分で，$\|f * g\|_r \leq \|f\|_r \|g\|_1$ が成り立つ．

[証明] 積分のミンコフスキーの不等式をルベーグ測度に対して用いる．実際に書き下してみると，

$$\left(\int_{\mathbb{R}^n} \left(\int_{\mathbb{R}^n} |F(x,y)| \, dy \right)^r dx \right)^{\frac{1}{r}} \leq \int_{\mathbb{R}^n} \left(\int_{\mathbb{R}^n} |F(x,y)|^r \, dx \right)^{\frac{1}{r}} dy$$

となる．$x, y \in \mathbb{R}^n$ に対して，$F(x,y) = f(x-y)g(y)$ とおくと，

$$\left(\int_{\mathbb{R}^n} \left(\int_{\mathbb{R}^n} |f(x-y)g(y)| \, dy \right)^r dx \right)^{\frac{1}{r}}$$
$$\leq \int_{\mathbb{R}^n} \left(\int_{\mathbb{R}^n} |f(x-y)g(y)|^r \, dx \right)^{\frac{1}{r}} dy$$

となる．ここで，変数変換 $x - y \mapsto x$ により

$$\int_{\mathbb{R}^n} \left(\int_{\mathbb{R}^n} |f(x-y)g(y)|^r \, dx \right)^{\frac{1}{r}} dy$$
$$= \int_{\mathbb{R}^n} \left(\int_{\mathbb{R}^n} |f(x)g(y)|^r \, dx \right)^{\frac{1}{r}} dy = \|f\|_r \|g\|_1$$

だから，積分の三角不等式を $f * g$ を定めている積分に用いることでヤングの不等式が得られた． □

とくに，この証明と同じ方法で，f, g を可積分関数として，

$$\int_{-\infty}^{\infty} \left(\int_{-\infty}^{\infty} f(x-y)g(y) \, dx \right) dy = \int_{-\infty}^{\infty} f(x) \, dx \cdot \int_{-\infty}^{\infty} g(y) \, dy$$

が成り立つとわかる．

問題 2.9

積分の単調性を用いて，不等式 $\int_0^1 \sqrt{1-x^4}\,dx > \dfrac{\pi}{4}$ を示せ．

問題 2.10

$p, q \in \mathbb{N}$ とする．

(1) $[0,1]$ 上の x 変数の関数 $f(x) = x^p(1-x)^q$ の最大値を求めよ．

(2) 極限 $L = \displaystyle\lim_{n \to \infty} \left(\int_0^1 x^{pn}(1-x)^{qn}\,dx \right)^{\frac{1}{n}}$ を求めよ．

問題 2.11

f は有限閉区間 $[a,b]$ から $\mathbb{R}$ への連続関数とする．以下のことを示せ．

(1) $\displaystyle\lim_{p \to \infty} \|f\|_{L^p[a,b]} = \|f\|_{L^\infty[a,b]}$

(2) $\displaystyle\lim_{\lambda \to \infty} \frac{1}{\lambda} \log \left(\int_a^b e^{\lambda f(t)}\,dt \right) = \|f\|_{L^\infty[a,b]}$

2.3 ラドン・ニコディムの定理

$(X, \mathcal{B}, \mu)$ を測度空間とする．正値可積分関数 $f \in L^1(\mu)$ が与えられると，

$$\nu(E) = \int_E f(x)\,d\mu(x) \quad (E \in \mathcal{B})$$

とおくことにより新しい有限測度が得られる．ここでは，この問題の逆を考えることにする．考えるべき測度は次の絶対連続という条件を満たしていないといけないことがわかる．

2.3 ラドン・ニコディムの定理

定義 2.49 絶対連続測度

$(X, \mathcal{B}, \mu)$ を測度空間とする．$(X, \mathcal{B})$ 上の測度 ν は $\mu(A) = 0$ となるすべての $A \in \mathcal{B}$ に対して，$\nu(A) = 0$ を満たすとき，ν は μ に関して絶対連続といい，記号で，$\nu \ll \mu$ と書く．

ラドン・ニコディムの定理とは，この逆が成り立たないといけないことを主張する定理である．

定理 2.50 ラドン・ニコディムの定理 I

$(X, \mathcal{B}, \mu)$ を σ-有限な測度空間とする．$\nu : \mathcal{B} \to [0, \infty)$ を有限測度とする．$\nu \ll \mu$ のとき，$[0, \infty)$ に値をとる関数 $f \in L^1(\mu)$ が μ-a.e. のずれを除いて一意的に存在して，$\nu = f \, d\mu$，つまり

$$\nu(E) = \int_E f(x) \, d\mu(x), \, E \in \mathcal{B}$$

が成立する．この f を ν の μ に関する**密度**といい，$\dfrac{d\nu}{d\mu}$ と表す．

この定理の証明について考えたい．このような ν が与えられたときに，μ-可積分関数 f をもってきて，ν と $f\mu$ の大小関係を比較することで $\nu = f \, d\mu$ を得る，という方針で示すことにする．すると，f が大きいと ν より $f \, d\mu$ が大きくなり，f が小さいと ν より $f \, d\mu$ が小さくなる．つまり，$\nu - f \, d\mu \leq 0$ と $\nu - f \, d\mu \geq 0$ のどちらもが起きるので，測度にも正負を考えたほうがよいことになる．以上の理由から次の定義を与える．

定義 2.51 符号つき測度とその絶対値

$(X, \mathcal{B})$ を可測空間とする．$\nu : \mathcal{B} \to \mathbb{R}$ が実数値符号つき測度であるとは $\mu(\emptyset) = 0$ で，互いに素な $\{A_j\}_{j=1}^{\infty} \subset \mathcal{B}$ につ

いて，$\nu\left(\sum_{j=1}^{\infty} A_j\right) = \sum_{j=1}^{\infty} \nu(A_j)$ が成り立つことである．また，符号つき測度 ν に対して，その絶対変動 (絶対値)$|\nu|$ を

$$|\nu|(A) = \sup\left\{\sum_{j=1}^{\infty} |\nu(A_j)| \,:\, A = \sum_{j=1}^{\infty} A_j, A_j \in \mathcal{B}\right\}$$

と定める．また，複素測度とは実数値符号つき測度 $\nu_1, \nu_2 : \mathcal{B} \to \mathbb{R}$ を2つ用いて $\nu = \nu_1 + i\nu_2$ と表される写像 $\nu : \mathcal{B} \to \mathbb{C}$ のことである．$\mu(A) = 0$ となるすべての $A \in \mathcal{B}$ に対して $\nu(A) = 0$ となるとき，$\nu \ll \mu$ と書く．

この定義に現れる関係式 $\nu\left(\sum_{j=1}^{\infty} A_j\right) = \sum_{j=1}^{\infty} \nu(A_j)$ において，左辺は和のとり方によらないから，右辺も和のとり方によらない．よって特に右辺は絶対収束していることがわかる．また，$\mathcal{B}$ が σ-集合体であることから，$|\nu|$ は測度であることがわかる．

この符号つき測度を考えてもラドン・ニコディムの定理は成立するので，符号つき測度に対するそれとして定理をまとめておこう．

定理 2.52　ラドン・ニコディムの定理 II

$(X, \mathcal{B}, \mu)$ を σ-有限な測度空間とする．$\nu : \mathcal{B} \to (-\infty, \infty)$ を符号つき測度とする．$\nu \ll \mu$ のとき，関数 $f \in L^1(\mu)$ が μ-a.e. のずれを除いて一意的に存在して，$\nu = f\,d\mu$，つまり $\nu(E) = \int_E f(x)\,d\mu(x), E \in \mathcal{B}$ が成立する．

この定理を証明したいのだが，しばらくは符号つき測度 ν の構造を調べていこう．

補題 2.53

$(X, \mathcal{B})$ を可測空間とする. $\nu : \mathcal{B} \to (-\infty, \infty)$ が符号つき測度であるとき, すべての $E \in \mathcal{B}$ に対して

$$|\nu|(E) = \sup\{\nu(F) : F \in \mathcal{B}, \quad F \subset E\}$$
$$- \inf\{\nu(F) : F \in \mathcal{B}, \quad F \subset E\} \qquad (2.11)$$

が成り立つ.

[証明] E の分割 $E = \sum_{m=1}^{\infty} E_m$ で, 各 E_m が $\mathcal{B}$ に属するようなものをとる. すると,

$$\sum_{m=1}^{\infty} |\nu(E_m)| = \sum_{m : \nu(E_m) > 0} \nu(E_m) - \sum_{m : \nu(E_m) < 0} \nu(E_m)$$

と分けられる. $\{E_m\}_{m=1}^{\infty}$ は互いに交わらないから,

$$\sum_{m=1}^{\infty} |\nu(E_m)| = \nu\left(\sum_{m : \nu(E_m) > 0} E_m\right) - \nu\left(\sum_{m : \nu(E_m) < 0} E_m\right)$$
$$\leq \sup\{\nu(F) : F \in \mathcal{B}, \quad F \subset E\}$$
$$+ \sup\{-\nu(F) : F \in \mathcal{B}, \quad F \subset E\}$$

となる. したがって, 分割に関する上限をとって $|\nu|(E)$ は (2.11) の右辺以下である. 逆に, $\mathcal{B}$ に属する $F_1 \subset E$ と $F_2 \subset E$ を任意にとる. すると,

$$\nu(F_1) - \nu(F_2) = \nu(F_1 \setminus (F_1 \cap F_2)) - \nu(F_2 \setminus (F_1 \cap F_2))$$
$$\leq |\nu|(F_1 \setminus (F_1 \cap F_2)) + |\nu|(F_2 \setminus (F_1 \cap F_2))$$
$$\leq |\nu|(E)$$

となる. したがって, $|\nu|(E)$ は (2.11) の右辺以上である. よって, (2.11) が得られる. □

符号つき測度に現れる集合 A_j の順番は $|\nu|$ の定義に影響を及ぼさない．このことがもたらす一つの結果として上述した絶対収束があるが，さらに重要な性質として，$|\nu|$ の有限性がある．

定理 2.54　$|\nu|$ の有限性

$(X, \mathcal{B})$ を可測空間とする．$\nu : \mathcal{B} \to (-\infty, \infty)$ が符号つき測度であるとき，$|\nu|$ は有限測度である．

[証明]　(2.11) より $\sup_{E \in \mathcal{B}} |\nu(E)|$ が有限値であることを示せばよい．仮に，これが無限大と仮定する．$F_0 = X$ とおく．すると，三角不等式より $|\nu(E_1)| > |\nu(X)| + 1$ となる $E_1 \in \mathcal{B}$ がとれる．このとき

$$|\nu(X \setminus E_1)| = |\nu(E_1) - \nu(X)| \geq |\nu(E_1)| - |\nu(X)| > 1$$

である．F_1 を E_1 と $X \setminus E_1$ のうちで $\sup_{E \in \mathcal{B}, F_1 \supset E} |\nu(E)| = \infty$ を満たすものとする．この操作を繰り返すと，$\sup_{E \in \mathcal{B}, F_k \supset E} |\nu(E)| = \infty$ および $|\nu(F_{k-1} \setminus F_k)| > 1$ となる $\mathcal{B}$ の減少集合列 $F_1, F_2, \ldots$ がとれる．これは $\sum_{j=1}^{\infty} \nu(F_{j-1} \setminus F_j)$ が絶対収束していることに矛盾する．　□

定義 2.55　正集合と負集合

ν を $(X, \mathcal{B})$ の実数値符号つき測度とする．ν の正集合とは，$A \subset B$ を満たすすべての $A \in \mathcal{B}$ に対して，$\nu(A) \geq 0$ を満たしている $B \in \mathcal{B}$ のことである．ν の負集合とは，$-\nu$ の正集合のことである．

ラドン・ニコディムの定理は後述するハーン分解を用いて証明されるが，ハーン分解を考察するためには，次の補題が本質的である．

2.3 ラドン・ニコディムの定理

補題 2.56 **正集合の存在**

ν を $(X, \mathcal{B})$ 上の実数値符号つき測度とする．$\nu(A) > 0$ を満たす $A \in \mathcal{B}$ について，$\nu(B) > 0$ となるような A に含まれる正集合 $B \in \mathcal{B}$ が存在する．

[証明] 定理 2.54 より，正規化して，$|\nu|(X) = 1$ と仮定してよい．背理法で補題を示すべく，仮に，このような B が存在しないとする．

A に含まれる正集合が存在しないので，特に，A 自身は正集合ではないために，$\alpha_0 = \sup\{-\nu(B) : B \in \mathcal{B}, B \subset A\} > 0$ である．したがって，$(1 + L_0)^{-1} < \alpha_0 \leq L_0^{-1} \leq 1$ となる $L_0 \in \mathbb{N}$ をとる．次に，集合 $B_0 \in \mathcal{B}$ を $B_0 \subset A$, $-\nu(B_0) > (L_0 + 1)^{-1}$ となるようにとる．

$\nu(A \setminus B_0) = \nu(A) - \nu(B_0) > 0$ である．すると，$A \setminus B_0$ は正集合ではないために，$\alpha_1 = \sup\{-\nu(B) : B \in \mathcal{B}, B \subset A \setminus B_0\} > 0$ である．$\dfrac{1}{1 + L_1} < \alpha_1 \leq \dfrac{1}{L_1}$ となる $L_1 \in \mathbb{N}$ をとる．集合 $B_1 \in \mathcal{B}$ を $B_1 \subset A \setminus B_0$, $-\nu(B_1) > (L_1 + 1)^{-1}$ となるようにとる．以下，これを繰り返すと，$B_{-1} = \emptyset$ とおくとき，$l = 0, 1, \ldots$ に対して

$$B_l \subset A \setminus (B_{-1} \cup B_0 \cup \cdots \cup B_{l-1}), \quad \frac{1}{1 + L_l} < \alpha_l,$$
$$\alpha_l < -\nu(B_l < \alpha_l) \leq \frac{1}{L_l}, \quad \alpha_l = \sup_{\substack{B \in \mathcal{B}, \nu(B) > 0 \\ B \subset A \setminus (B_{-1} \cup B_0 \cup \cdots \cup B_{l-1})}} (-\nu(B))$$

となる可測集合の列 $\{B_j\}_{j=0}^{\infty}$ と実数列 $\{\alpha_j\}_{j=0}^{\infty}$ と $\{L_j\}_{j=0}^{\infty}$ がとれる．$\displaystyle\sum_{l=0}^{\infty} \nu(B_l)$ が収束するので，$l \to \infty$ のとき，$L_l \to \infty$, $\alpha_l \to 0$ が得られる．$\alpha_l \to 0$ ゆえに，$C \in \mathcal{B}$ が $A \setminus (B_0 \cup B_1 \cup \cdots)$ に含まれるならば，$-\nu(C) \leq 0$ となる．したがって，$B = A \setminus (B_0 \cup B_1 \cup \cdots)$ とおくと，求める B が存在してしまい，仮定と矛盾している． □

補題 2.57　関数族の μ-本質的上限

$(X, \mathcal{B}, \mu)$ を測度空間とする．正値可測関数の集合 $\mathcal{G}$ が次の条件を満たしているとする．

$$\{f_j\}_{j=1}^{\infty} \subset \mathcal{G} \Longrightarrow \sup_{j \in \mathbb{N}} f_j \in \mathcal{G}, \quad \sup_{f \in \mathcal{G}} \|f\|_{L^1(\mu)} < \infty$$

このとき，$f \in \mathcal{G}$ が存在して，すべての $h \in \mathcal{G}$ に対して，μ-ほとんどいたるところ $h \leq f$ が成り立つ．

[証明]　実際に，$\displaystyle\lim_{j \to \infty} \|f_j\|_{L^1(\mu)} = \sup_{k \in \mathcal{G}} \|k\|_{L^1(\mu)} < \infty$ を満たす，つまりは，右辺の上限を達成するような $\{f_j\}_{j=1}^{\infty} \subset \mathcal{G}$ をとり，$\displaystyle\sup_{j \in \mathbb{N}} f_j = f$ とおけばよい．仮に，この f が条件に適っていないとすると，ある $h \in \mathcal{G}$ が存在して，$h > f$ が μ-測度正の集合上成り立つ．したがって，$\|\max(f, h)\|_{L^1(\mu)} > \|f\|_{L^1(\mu)} = \displaystyle\sup_{k \in \mathcal{G}} \|k\|_{L^1(\mu)}$ となってしまい，矛盾が生じる． □

系 2.58　集合族の μ-本質的上限

$(X, \mathcal{B}, \mu)$ を測度空間とする．$\displaystyle\sup_{A \in \mathcal{H}} \mu(A) < \infty$ となる可測集合の族 $\mathcal{H}$ が可算個の合併について閉じているとする．つまり，次の条件を満たしているとする．

$$A_1, A_2, \ldots, A_j, \ldots \in \mathcal{H} \Longrightarrow \bigcup_{j=1}^{\infty} A_j \in \mathcal{H}$$

このとき，$A \in \mathcal{H}$ が存在して，すべての $B \in \mathcal{H}$ に対して，$\mu(B \setminus A) = 0$ が成り立つ．

[証明]　$\mathcal{G} = \{\chi_A\}_{A \in \mathcal{H}}$ とおいて，補題 2.57 より得られる h を $h = \chi_B$ と表す（$B \in \mathcal{B}$）．この B が求めるものである． □

正集合と負集合の概念は次の定理から自然なものであるとわかる.

定理 2.59　ハーン (Hahn) 分解

ν を σ-有限な測度空間 $(X, \mathcal{B})$ 上の実数値符号つき測度とする. E^+ は ν の正集合で, E^- は ν の負集合であるような分解 $X = E^+ \cup E^-$ が存在する.

[証明]　$\mathcal{H} = \{A \in \mathcal{B} : \nu(A) = |\nu|(A)\}$ とおく. $A, B \in \mathcal{H}$ とすると,

$$\nu(A \cup B) + \nu(A \cap B) = \nu(A) + \nu(B) = |\nu|(A) + |\nu|(B)$$
$$= |\nu|(A \cup B) + |\nu|(A \cap B)$$

と $\nu(A \cup B) \leq |\nu|(A \cup B)$, $\nu(A \cap B) \leq |\nu|(A \cap B)$ より, $A \cup B \in \mathcal{H}$ である. よって, $\{A_j\}_{j=1}^\infty \subset \mathcal{H}$ ならば, $\bigcup_{j=1}^\infty A_j \in \mathcal{H}$ で, $\sup_{A \in \mathcal{H}} |\nu|(A) < \infty$ が得られる. $\mathcal{H}$ に系 2.58 を適用して, $B \in \mathcal{H}$ ならば, $|\nu|(B \setminus A) = 0$ となる $A \in \mathcal{H}$ が存在する. 補題 2.56 より, $E^+ = A$ と $E^- = X \setminus A$ が求めるものである. □

🌱 ラドン・ニコディムの定理 (定理 2.52) の証明

μ は σ-有限だから, X を有限測度の可算和として分けることで, μ は有限測度であると仮定して構わない. また, ハーン分解を用いて, ν も正測度として構わない. $\nu(E) > \varepsilon\mu(E)$ となる $\varepsilon > 0$ をとると, ハーン分解にあるような $\nu - \varepsilon\mu$ の正集合 E_ε が存在する. ここで仮に $\mu(E_\varepsilon) = 0$ とすると, $\nu \ll \mu$ であるから, $\nu(E_\varepsilon) = 0$ となり, $\nu \leq \varepsilon\mu$ となる. これは $\nu(E) > \varepsilon\mu(E)$ に反するから, $\mu(E_\varepsilon) > 0$ である. よって,

$$\mathcal{G}_\nu \equiv \bigcap_{E \in \mathcal{B}} \{f \in L^1(\mu) : f \geq 0, \|f\chi_E\|_{L^1(\mu)} \leq \nu(E)\}$$

は 0 以外の関数 $\varepsilon\chi_{E_\varepsilon}$ を含んでいる．$f_1, f_2 \in \mathcal{G}_\nu$ とすると，

$$\int_E \max(f_1(x), f_2(x))\, d\mu(x)$$
$$= \int_{E \cap \{f_1 > f_2\}} f_1(x)\, d\mu(x) + \int_{E \cap \{f_1 \leq f_2\}} f_2(x)\, d\mu(x)$$
$$\leq \nu(E \cap \{f_1 > f_2\}) + \nu(E \cap \{f_1 \leq f_2\}) = \nu(E)$$

である．単調収束定理と合わせると，補題 2.57 が使える状況にある．$\mathcal{G}_\nu$ に対して，補題 2.57 を使うと，

$$\int_E f(x)\, d\mu(x) \leq \nu(E) \tag{2.12}$$

をすべての $E \in \mathcal{B}$ に対してみたし，

$$g \in L^1(\mu), \int_E g(x)\, d\mu(x) \leq \nu(E) \quad (E \in \mathcal{B}) \Longrightarrow g \leq f \quad \mu\text{-a.e.}$$

となる $[0, \infty)$ に値をとる $f \in L^1(\mu)$ が存在する．この $f \in L^1(\mu)$ が求めるべきものであるが，そのことを背理法で示すべく，ある $E_0 \in \mathcal{B}$ に対して，

$$\int_{E_0} f(x)\, d\mu(x) = \nu(E_0) \tag{2.13}$$

が成り立たないと仮定する．(2.12) より $\nu - f\mu$ が正測度であるから，補題 2.56 より，$\nu - f\mu - \varepsilon\chi_E\mu$ も正測度であるような $\varepsilon > 0$ と $\mu(E) > 0$ となる $E \in \mathcal{B}$ が存在する．これは f のとり方に矛盾するので，等式 (2.13) が成り立つ．

$f \in L^1(\mu)$ の一意性を示す．仮に，$g \in L^1(\mu)$ も条件を満たしているとする．すると，f と g の積分値が一致している．$f \neq g$ が μ-ほとんどいたるところ成り立たないと仮定して，対称性から $f > g$ が μ-測度正の集合で成り立つとしてよい．したがって，

$$0 = \mu\{f > g\} - \mu\{f > g\} = \int_{\{f>g\}} (f(x) - g(x))\, d\mu(x) > 0$$

となり，矛盾が生じる．よって，μ-ほとんどいたるところ $f \leq g$ である．同様に μ-ほとんどいたるところ $f \geq g$ も証明できる． □

問題 2.12

次の $\mathbb{R}$ の測度はルベーグ測度 dx に関して絶対連続であるか？
(1) 計数測度　(2) $\mu(E) = \dfrac{1}{\sqrt{2\pi}} \displaystyle\int_E e^{-x^2}\, dx$ (正規分布)

問題 2.13

$(X, \mathcal{B}, \mu)$ を測度空間として，$f : X \to \mathbb{C}$ を可積分関数とする．集合関数 $\nu : \mathcal{B} \to \mathbb{C}$ を $\nu(E) = \displaystyle\int_E f(x)\, d\mu(x)$ と定める．
(1) ν は複素測度であることを示せ．
(2) f が $\mathbb{R}$ に値をとると仮定して，ν のハーン分解を求めよ．

問題 2.14

$(X, \mathcal{B})$ を可測空間とする．E_0, E_1 を可測集合とする．また，μ, ν を有限測度とする．次の問に答えよ．
(1) $\lambda = \nu + \mu$ とおく．$\mu \ll \lambda$ を示せ．
(2) $\rho(E) = 2\mu(E) + \mu(E_0 \cap E) + \mu(E \setminus E_1), E \in \mathcal{B}$ と定義する．このとき，$\rho \ll \mu$ を示し，$\dfrac{d\rho}{d\mu}$ を求めよ．

問題 2.15

ν を可測空間 $(X, \mathcal{B})$ 上の複素測度とする．
(1) $\nu \ll |\nu|$ を示せ．
(2) $f = \dfrac{d\nu}{d|\nu|}$ の絶対値は $|\nu|$-ほとんどいたるところ 1 であることを示せ．

2.4 章末問題

章末問題 2.1

$\mathcal{P}$ で素数全体のなす $\mathbb{N}$ の部分集合とする．以下を示せ．

(1) $f : \mathbb{N} \to \mathbb{C}$ は恒等的に 0 ではなく，次の (A), (B) を満たすとする．

　(A) $m, n \in \mathbb{N}$ が互いに素ならば，$f(mn) = f(m)f(n)$ が成り立つ．

　(B) $\sum_{p \in \mathcal{P}} \sum_{r=1}^{\infty} |f(p^r)| < \infty$ が成り立つ．

　このとき，

　(1-i) $1 + \sum_{n=1}^{\infty} |f(n)| = \prod_{p \in \mathcal{P}} \left(1 + \sum_{r=1}^{\infty} |f(p^r)| \right)$ を満たすことを示せ．

　(1-ii) $\sum_{n=1}^{\infty} |f(n)| < \infty$ を満たすことを示せ．

(2) $1 + \sum_{n=1}^{\infty} f(n) = \prod_{p \in \mathcal{P}} \left(1 + \sum_{r=1}^{\infty} f(p^r) \right)$ を満たすことを示せ．

(3) $\mathrm{Re}(s) > 1$ のとき，$\sum_{n=1}^{\infty} \dfrac{1}{n^s} = \prod_{p \in \mathcal{P}} \dfrac{p^s}{p^s - 1}$ を示せ．(オイラーの積公式)

(4) $\sum_{p \in \mathcal{P}} p^{-1} = \infty$ を示せ．

章末問題 2.2

素数は無限にあることが知られているので，$\{p_N\}_{N=1}^{\infty}$ と素数を小さい順番に並べる．$s > 1$ とする．$\zeta(s) = \prod_{N=1}^{\infty} \dfrac{1}{1 - p_N^{-s}}$ で定める．$\zeta(s)$ はゼータ関数と呼ばれる．

(1) 無限等比級数の公式を利用して，$\zeta(s) = \sum_{n=1}^{\infty} \dfrac{1}{n^s}$ であることを示せ．

(2) $y = x^{-s}$ のグラフとそれに関係する面積の関係に注目して，$\lim\limits_{s \downarrow 1}(s-1)\zeta(s) = 1$ を示せ．

(3) $\log \zeta(s) - \sum\limits_{N=1}^{\infty} \dfrac{1}{p_N^s} = \sum\limits_{m=2}^{\infty} \dfrac{1}{m} \left(\sum\limits_{N=1}^{\infty} \dfrac{1}{p_N^{sm}} \right)$ を示せ．

(4) $\sum\limits_{N=1}^{\infty} \dfrac{1}{p_N^{sm}} \leq \sum\limits_{N=2}^{\infty} \dfrac{1}{N^{sm}} \leq \dfrac{1}{sm-1}$，$m \geq 2$ が成り立つことを用いて．$\lim\limits_{s \downarrow 1} \dfrac{-1}{\log(s-1)} \sum\limits_{N=1}^{\infty} \dfrac{1}{p_N^s} = 1$ を示せ．

章末問題 2.3　素数の種類

4で割った余りが1または3になる素数全体を小さい順にそれぞれ $q_1, q_2, \ldots, q_N, \ldots,\ r_1, r_2, \ldots, r_N, \ldots$ と並べる．$s > 1$ に対して，

$$\zeta_2(s) = \prod_{N=1}^{\infty} \dfrac{1}{1 - q_N^{-s}} \prod_{N=1}^{\infty} \dfrac{1}{1 - r_N^{-s}}$$

$$L(s) = \prod_{N=1}^{\infty} \dfrac{1}{1 - q_N^{-s}} \prod_{N=1}^{\infty} \dfrac{1}{1 + r_N^{-s}}$$

とおく．

(1) $\{q_1, q_2, \ldots, q_N, \ldots\} \cup \{r_1, r_2, \ldots, r_N, \ldots\} = $「2ではない素数の全体」であることを利用して，$s > 1$ に対して，$\zeta_2(s) = \sum\limits_{n=1}^{\infty} \dfrac{1}{(2n+1)^s}$ であることを示せ．

(2) $y = x^{-s}$ のグラフとそれに関係する面積の関係に注目して，$\lim_{s\downarrow 1}(s-1)\zeta_2(s) = \dfrac{1}{2}$ を示せ．

(3) $K, l_1, l_2, \ldots, l_K, m_1, m_2, \ldots, m_K$ を自然数とすると，
$$q_1^{l_1} q_2^{l_2} \cdots q_K^{l_K} r_1^{m_1} r_2^{m_2} \cdots r_K^{m_K} - 1$$
が 4 で割れる必要十分条件は $m_1 + m_2 + \cdots + m_K$ が偶数であることと，$(-1)^{\frac{q_N-1}{2}} = 1, (-1)^{\frac{r_N-1}{2}} = -1$ を用いて，$L(s) = \displaystyle\sum_{n=1}^{\infty} \dfrac{(-1)^{n-1}}{(2n+1)^s}, s > 1$ であることを示せ．

(4) $\displaystyle\lim_{s\downarrow 1} L(s)$ を求めよ．

(5) $\log \zeta(s) - \displaystyle\sum_{N=1}^{\infty} \dfrac{1}{q_N{}^s} - \sum_{N=1}^{\infty} \dfrac{1}{r_N{}^s}$
$= \displaystyle\sum_{m=2}^{\infty} \dfrac{1}{m} \sum_{N=1}^{\infty} \left(\dfrac{1}{q_N{}^{sm}} + \dfrac{1}{r_N{}^{sm}} \right)$ を示せ．

(6) $\displaystyle\lim_{s\downarrow 1} \sum_{N=1}^{\infty} \dfrac{\log_{s-1} e}{q_N{}^s} = \lim_{s\downarrow 1} \sum_{N=1}^{\infty} \dfrac{\log_{s-1} e}{r_N{}^s} = -\dfrac{1}{2}$ を示せ．

【注意】4 で割って 1 あまる素数が無限にあることと，4 で割って 3 あまる素数が無限にあることについて，

【ア】$4r_1 r_2 \cdots r_N - 1$ を素因数分解すると，r_{N+1} 以上の素数が含まれていることがわかる．

【イ】4 で割って 1 余る素数も無限にあることが知られている．素数は無限に存在するので，$q_1, q_2, \ldots, q_N, \ldots$ と素数を小さい順番に (無限に) 並べられる．もし，このような素数が無限にはないとすると，この問題に反してしまうことがわかるであろう．

章末問題 2.4

$(X, \mathcal{B}, \mu)$ を有限測度空間とする.

(1) $A, B \in \mathcal{B}$ に対して，$d_0(A, B) \equiv \mu(A \triangle B)$ と定義するとき，$A, B, C \in \mathfrak{B}$ について以下の性質が成り立つことを示せ．

　(1-i) $d_0(A, A) = 0$.

　(1-ii) $d_0(A, B) = d_0(B, A)$.

　(1-iii) $d_0(A, C) \leq d_0(A, B) + d_0(B, C)$.

(2) $A, B \in \mathfrak{B}$ について $d_0(A, B) = 0$ のとき $A \sim B$ とする．このとき，関係 $\sim$ は同値関係であることを示せ．

(3) 商集合 $\widetilde{\mathfrak{B}} \equiv \{[A] : A \in \mathbb{B}\}$ に対して，$\widetilde{\mathfrak{B}} \times \widetilde{\mathfrak{B}}$ 上の関数 $d([A], [B]) \equiv d_0(A, B)$ は $[A], [B]$ の代表元のとり方によらないことを示し，d が $\widetilde{\mathfrak{B}}$ 上の距離関数になっていることを示せ．

章末問題 2.5　ハーディー作用素

$1 \leq r < p < \infty$ とする．f を $(0, \infty)$ から $(0, \infty)$ への可測関数とする．f のハーディー作用素と呼ばれる関数 Hf を $Hf(x) = \dfrac{1}{x} \displaystyle\int_0^x f(y)\, dy$ で定める．

(1) 各 $\lambda > 0$ に対して，$|\{Hf > \lambda\}| = \displaystyle\int_{\{Hf > \lambda\}} f(x)\, dx$ を示せ．

(2) $1 < p < \infty$ として，$\|Hf\|_{L^p(0,\infty)} \leq p' \|f\|_{L^p(0,\infty)}$ を示せ．

(3) ミンコフスキーの不等式を示した方法を真似て，
$$\int_0^\infty x^r \left(\frac{1}{x} \int_0^x f(t)\, dt\right)^p \frac{dx}{x} \leq \left(\frac{p}{p-r}\right)^p \int_0^\infty t^r f(t)^p \frac{dt}{t}$$
を示せ．

(4) (3) の不等式において，定数 $\left(\dfrac{p}{p-r}\right)^p$ は最良であることを示せ．

章末問題 2.6　ヒルベルトの不等式

$1 < p < \infty$ とする．$\operatorname{cosec}\theta = \dfrac{1}{\sin\theta}$ とおく．

(1) $\displaystyle\int_0^\infty \frac{dx}{(x+1)\sqrt[p]{x}} = \pi\operatorname{cosec}\left(\frac{\pi}{p}\right)$ を示せ．

(2) 可測関数 $f:(0,\infty) \to (0,\infty)$ に対して，

$$\left\{\int_0^\infty \left(\int_0^\infty \frac{f(x)}{x+y}\,dx\right)^p dy\right\}^{\frac{1}{p}} \leq \pi\operatorname{cosec}\left(\frac{\pi}{p}\right)\|f\|_{L^p(0,\infty)}$$

を示せ．

章末問題 2.7

$(X, \mathcal{M}, \mu)$ を σ-有限な測度空間とする．X 上の複素数値可積分関数 f に対して以下を示せ．

(1) X の可測な有限分割 $\{E_j\}_{j=1}^J$ に対して，

$$\|f\|_{L^1(\mu)} \geq \sum_{j=1}^J \left|\int_{E_j} f(x)\,d\mu(x)\right|$$

が成り立つ．

(2) 等号

$$\|f\|_{L^1(\mu)} = \sup \sum_{j=1}^J \left|\int_{E_j} f(x)\,d\mu(x)\right| \tag{2.14}$$

が成り立つ．ただし，上限は X の可測な有限分割 $\{E_j\}_{j=1}^J$ をわたる．

章末問題 2.8

複素数列 $\{a_m\}_{m\in\mathbb{Z}^n}$ と写像 $m \in \mathbb{Z}^n \mapsto a_m \in \mathbb{C}$ を同一視することができることに注意して，以下の問に答えよ．

(1) 集合 X, Y と写像 $F: X \times Y \to \mathbb{C}$ について以下を示せ.

(1-a) $\displaystyle\sum_{x \in X} \left(\sum_{y \in Y} |F(x,y)| \right) = \sum_{z \in X \times Y} |F(z)|$

(1-b) (1-a) の 2 つの和のいずれか 1 つが有限ならば,

$$\sum_{x \in X} \left(\sum_{y \in Y} F(x,y) \right) = \sum_{y \in Y} \left(\sum_{x \in X} F(x,y) \right) = \sum_{z \in X \times Y} F(z)$$

を示せ.

(2) $a = \{a_k\}_{k \in \mathbb{Z}^n}, b = \{b_k\}_{k \in \mathbb{Z}^n} \in \ell^1(\mathbb{Z}^n)$ に対して,

$$\sum_{k \in \mathbb{Z}^n} \left(\sum_{l \in \mathbb{Z}^n} |a_{k-l} b_l| \right) = \|a\|_{\ell^1(\mathbb{Z}^n)} \cdot \|b\|_{\ell^1(\mathbb{Z}^n)}$$

を示せ.

(3) $a = \{a_k\}_{k \in \mathbb{Z}^n}, b = \{b_k\}_{k \in \mathbb{Z}^n} \in \ell^1(\mathbb{Z}^n)$ とする. a と b のたたみ込み $a * b = \{(a*b)_k\}_{k \in \mathbb{Z}^n}$ を $(a*b)_k = \displaystyle\sum_{l \in \mathbb{Z}^n} a_{k-l} b_l$ と定義する ($(a*b)_k$ は a コンボリューション b k と読む). 以下を示せ.

(3-a) $a * b$ の各成分を定義している無限級数はすべての $k \in \mathbb{Z}^n$ に対して絶対収束する.

(3-b) $\displaystyle\sum_{k \in \mathbb{Z}^n} (a*b)_k = \left(\sum_{k \in \mathbb{Z}^n} a_k \right) \left(\sum_{k \in \mathbb{Z}^n} b_k \right)$ が成り立つ.

(3-c) $a * b = b * a$ が成り立つ.

(3-d) $e_0 = 1, e_j = 0, j \neq 0$ となる数列 $e = \{e_j\}_{j \in \mathbb{Z}^n}$ と, すべての $a \in \ell^1(\mathbb{Z}^n)$ に対して, $e * a = a * e = a$ となることを示せ.

第3章

関数の微分可能性

　ここでは再び抽象的な測度空間から，ユークリッド空間へと話を戻す．ルベーグは積分とは何かを考察したのであるが，ルベーグの積分理論の構築と同時期の重要なルベーグの仕事として，関数の微分可能性が挙げられる．実際に，ルベーグが自身の書籍で書いたようにルベーグの考察は積分に基づいた応用である．

ルベーグ (1875-1941)

3.1 被覆補題と極大作用素

ここでいう立方体は座標軸に平行な辺からなる立方体を指す. $x \in \mathbb{R}^n$ に対して, f のハーディー・リトルウッドの極大作用素を

$$M'f(x) = \sup_{r>0} \frac{1}{|Q(x,r)|} \int_{Q(x,r)} |f(y)| dy$$

とおく. この極大作用素は積分に現れる立方体の中心が x であるために, 中心型極大作用素と呼ばれる. 同じようでも,

$$Mf(x) = \sup_{Q(y,r) \ni x} \frac{1}{|Q(y,r)|} \int_{Q(y,r)} |f(z)| dz$$
$$= \sup_{y \in \mathbb{R}^n, r>0} \chi_{Q(y,r)}(x) \frac{1}{|Q(y,r)|} \int_{Q(y,r)} |f(z)| dz$$

は非中心型極大作用素と呼ばれる. ここで, $\mathcal{Q}_x$ は x を含む開立方体全体を表すことにすると,

$$Mf(x) = \sup_{Q \in \mathcal{Q}_x} \frac{1}{|Q|} \int_Q |f(z)| dz$$

と表すことができる. $Q(x,r) \ni x$ であるから,

$$M'f(x) \le Mf(x)$$

が成り立つ. $\{Mf > \lambda\}$ は開集合であるから, Mf は可測関数である. 同様に, $\{M'f > \lambda\}$ も開集合であるから, $M'f$ も可測関数である. 球を立方体に置き換えても同じように極大作用素が定義できる. これらを区別したい場合は, たとえば, 球によって生成されているハーディー・リトルウッドの非中心型極大作用素などということにする. 以後, $m_E(f)$ で可測集合 E 上で可積分な関数 f の平均を表す.

3.1 被覆補題と極大作用素

> **定理 3.1** **$5r$-被覆補題**
>
> $\sup_{\lambda \in \Lambda} |Q_\lambda| < \infty$ を満たす一般濃度の立方体の族 $\{Q_\lambda\}_{\lambda \in \Lambda}$ が与えられたとき, 次の条件を満たしている $\Lambda^* \subset \Lambda$ が存在する.
>
> (A) $\{Q_\lambda\}_{\lambda \in \Lambda^*}$ は互いに交わらない.
> (B) ある写像 $\iota : \Lambda^* \to \Lambda$ が存在して, $Q_\lambda \subset 5Q_{\iota(\lambda)}$ が成り立つ.

[証明] $\lambda' \in \Lambda$ に対して $\mathcal{A}_{\lambda'} = \{\lambda \in \Lambda : Q_\lambda \subset 5Q_{\lambda'}\}$ とおく. $\sup_{\lambda \in \Lambda} |Q_\lambda| \leq 2^n |Q_{\lambda'}|$ となる $\lambda' \in \Lambda$ を集めて, そのような λ' の中で包含関係について極大なもの $\{Q_{\lambda'}\}_{\lambda' \in \Lambda_0}$ をとる. $j < J$ に対して, Λ の部分集合 $\Lambda_0, \Lambda_1, \ldots, \Lambda_{J-1}$ が定まったとして, $\Lambda \setminus \bigcup_{j=0}^{J-1} \bigcup_{\lambda' \in \Lambda_j} \mathcal{A}_{\lambda'}$ を考えて, $\sup_{\lambda \in \Lambda \setminus \bigcup_{j=0}^{J-1} \bigcup_{\lambda'' \in \Lambda_j} \mathcal{A}_{\lambda''}} |Q_\lambda| \leq 2^n |Q_{\lambda''}|$ となる $\lambda'' \in \Lambda$ を集めて, そのような λ'' の中で包含関係について極大なもの $\{Q_{\lambda''}\}_{\lambda'' \in \Lambda_J}$ をとる. そうではないときは $\Lambda^* = \Lambda_0 \cup \Lambda_1 \cup \cdots \cup \Lambda_{J-1}$ とおく. この操作が無限に続くときは $\Lambda^* = \Lambda_0 \cup \Lambda_1 \cup \cdots$ とおく. このとき, (A) は満たされる. 任意の $\lambda \in \Lambda$ に対して, $Q_\lambda \subset 5Q_{\lambda^*}$ となる $\lambda^* \in \Lambda^*$ がひとつは存在するので $\iota(\lambda) = \lambda^*$ とおけば (B) も満たされる. □

> **定理 3.2** **極大作用素の弱 $(1, 1)$-有界性**
>
> $f : \mathbb{R}^n \to \mathbb{C}$ を可積分関数, $\lambda \in (0, \infty)$ とするとき, 立方体によって生成されているハーディー・リトルウッドの非中心型極大作用素について次の不等式が成り立つ.
>
> $$\lambda |\{Mf > \lambda\}| \leq 5^n \|f\|_1.$$

球により生成されているハーディー・リトルウッドについても同じ結論が成立する．

[証明] $\lambda > 0$ に対して $A = \{Mf > \lambda\}$ とおく．A に属するすべての x に対して, $r = r_x > 0$ が存在して, $m_{Q(x,r)}(|f|) > \lambda$ が成り立つ．$\lambda|Q(x, r_x)| \leq \|f\|_1 < \infty$ より, 関数 $x \in \mathbb{R}^n \mapsto r_x \in (0, \infty)$ は有界である．この r_x を用いて, $Q(x) = Q(x, r_x)$ とおく．高々可算の部分集合 $\tilde{A}$ を $\{Q(x)\}_{x \in \tilde{A}}$ が互いに交わらず, $\bigcup_{x \in A} Q(x) \subset \bigcup_{x \in \tilde{A}} 5Q(x)$ となるようにとる．$|5Q(x)| = 5^n |Q(x)|$ だから,

$$\lambda |A| \leq \lambda \sum_{x \in \tilde{A}} |5Q(x)| \leq 5^n \int_{\bigcup_{x' \in A} 5Q(x')} |f(x)|\,dx \leq 5^n \|f\|_1$$

が得られる． □

問題 3.1

立方体 Q と可測集合 $A \subset Q$ が与えられているとする．このとき, $|A|\chi_Q(x) \leq |Q|M\chi_A(x)$ を示せ．ただし, M は立方体から生成されるハーディー・リトルウッドの非中心型極大作用素とする．

問題 3.2

M を立方体の生成するハーディー・リトルウッドの非中心型極大作用素, Q を立方体とするとき,

$$M[f \cdot \chi_Q](x) = \sup_{R \in \mathcal{Q}_x, R \subset Q} \frac{1}{|R|} \int_R |f(y)|\,dy$$

が成り立つ．

3.2 ルベーグの微分定理

定理 3.3 **ルベーグの微分定理**

$f \in L^1_{\text{loc}}(\mathbb{R}^n)$ のとき,ほとんどすべての $x \in \mathbb{R}^n$ について,

$$\lim_{r \downarrow 0} \frac{1}{|Q(x,r)|} \int_{Q(x,r)} |f(x) - f(y)| dy = 0 \qquad (3.1)$$

が成り立つ.

[証明] まず $f \in C_c(\mathbb{R}^n)$ ならば,f は一様連続だから,すべての $x \in \mathbb{R}^n$ に対して,等式が成り立つ.$f \in L^1(\mathbb{R}^n)$ の場合,任意の $\varepsilon > 0$ に対して,$\{f_m\}_{m=1}^\infty \in C_c(\mathbb{R}^n)$ が存在して,$\|f_m - f\|_1 \leq 4^{-m}$ が成り立つ.

$$N_1 \equiv \bigcap_{j=1}^\infty \bigcup_{m=j}^\infty \left\{ x \in \mathbb{R}^n : M[f_m - f](x) > \frac{1}{m} \right\}$$

とおくと,定理 3.2 より

$$|N_1| \leq \inf_{j \in \mathbb{N}} \sum_{m \geq j} \left| \left\{ x \in \mathbb{R}^n : M[f_m - f](x) > \frac{1}{m} \right\} \right|$$

$$\leq 5^n \inf_{j \in \mathbb{N}} \sum_{m=j}^\infty \frac{m}{4^m} = 0$$

より,N_1 は零集合である.同様に,

$$N_2 \equiv \bigcap_{j=1}^\infty \bigcup_{m=j}^\infty \left\{ x \in \mathbb{R}^n : |f_m(x) - f(x)| > \frac{1}{m} \right\}$$

とおくと,チェビシェフの不等式により,N_2 は零集合である.$N = N_1 \cup N_2$ が求める零集合,つまり,$x \in \mathbb{R}^n \setminus N$ とすると,(3.1) が成り立つことを示そう.$f_n(x) \to f(x)$ だから,任意に $\varepsilon > 0$ をとると,

少なくともある m に対して，$M[f_m - f](x) + |f_m(x) - f(x)| < \varepsilon$ である．このとき，

$$|f(x) - f(y)|$$
$$\leq |f(x) - f_m(x)| + |f_m(x) - f_m(y)| + |f_m(y) - f(y)|$$

より，

$$m_{Q(x,r)}(|f(x) - f|)$$
$$\leq |f(x) - f_m(x)| + M[f_m - f](x) + m_{Q(x,r)}(|f_m(x) - f_m|)$$
$$< \varepsilon + m_{Q(x,r)}(|f_m(x) - f_m|)$$

となる．f_m が連続ゆえ r が十分に小さいと，

$$\frac{1}{|Q(x,r)|} \int_{Q(x,r)} |f(x) - f(y)| dy < 2\varepsilon$$

となる． □

関数に対するルベーグ点は集合のそれに，自然に拡張される．

定義 3.4　ルベーグ点

(3.1) が成り立つような点を f のルベーグ点という．また，集合 A に対して A のルベーグ点を χ_A のルベーグ点として定義する．

問題 3.3

(1) f を $\mathbb{R}^n$ 上の局所可積分関数で，いま，任意の $y \in \mathbb{R}^n$ および任意の立方体 R に対して，

$$\int_R f(x+y)\,dx = \int_R f(x)dx \qquad (3.2)$$

が成り立つならば，f はほとんどいたるところ定数であることを示せ．

(2) $g \in L^1(\mathbb{R})$ とする. $G(x) = \int_0^x g(y) dy$ とおくと, ほとんどすべての x に対して, G は x で微分可能で, $G'(x) = g(x)$ であることを示せ.

問題 3.4

(1) $E \subset \mathbb{R}$ をルベーグ可測集合とすると, $\chi_E \in L^1_{\mathrm{loc}}(\mathbb{R})$ であることを示せ.
(2) 任意の区間 I に対して, $|I \cap E| = \frac{1}{2}|I|$ となるルベーグ可測集合 E は存在しないことを示せ.

問題 3.5

$\mathcal{I}(\mathbb{R})$ で $\mathbb{R}$ の開区間全体のなす集合族を表すとする. $x \in \mathbb{R}$ に対して, $\mathcal{I}(\mathbb{R})_x$ で x を含む $\mathbb{R}$ の開区間全体のなす集合を表すとする.

(1) I, J, K を共通部分をもつ 3 つの開区間とするとき, $I \cup J \cup K$ は $I \cup J$, $I \cup K$, $J \cup K$ のどれか少なくともひとつに一致することを示せ.
(2) $f : \mathbb{R} \to \mathbb{C}$ を可積分関数とするとき, 開区間の生成するハーディー・リトルウッドの極大作用素 M を
$$Mf(x) = \sup \left\{ \frac{1}{|I|} \int_I |f(y)| dy : I \in \mathcal{I}_x(\mathbb{R}) \right\}$$
で与えるとき, 各 $\lambda > 0$ に対して, 高々可算個の区間の集まり $\mathcal{J}(\lambda) \subset \mathcal{I}(\mathbb{R})$ が存在して,
$$\chi_{\{x \in \mathbb{R} : Mf(x) > \lambda\}} \leq \sum_{J \in \mathcal{J}(\lambda)} \chi_J \leq 2, \quad \|f\|_{L^1(J)} > \lambda |J|$$
が成り立つことを示せ.

(3) $f : \mathbb{R} \to \mathbb{C}$ を可積分関数とするとき，$\lambda > 0$ に対して，
$$|\{x \in \mathbb{R} : Mf(x) > \lambda\}| \leq \frac{2}{\lambda} \int_{\mathbb{R}} |f(x)| \, dx$$
が成り立つことを示せ．

問題 3.6

A, B, M をルベーグ可測集合で，$|A| < \infty$, $|M| > 0$ と仮定する．

(1) $\chi_A * \chi_B$ がほとんどいたるところ 0 ならば，A, B のうち，どちらかが測度 0 であることを示せ．

(2) $x_k + M = \{x_k + y : y \in M\}$ とおく．ただし，$\{x_k\}_{k=1}^{\infty}$ は $\mathbb{R}$ で稠密な可算集合とする．このとき，$\bigcup_{k=1}^{\infty}(x_k + M)$ はほとんど $\mathbb{R}$ に等しいことを示せ．

つまり，$\left|\mathbb{R} \setminus \bigcup_{k=1}^{\infty}(x_k + M)\right| = 0$ を示せ．

問題 3.7

$p, \lambda > 0$ とする．可測関数 $f : \mathbb{R}^n \to \mathbb{C}$ が
$$M_x = \sup_{r > 0} \frac{1}{r^{n+\lambda p}} \int_{Q(x,r)} |f(y)|^p \, dy < \infty \quad (x \in \mathbb{R}^n)$$
を満たしているとする．

(1) $|f|^p \in L^1_{\mathrm{loc}}(\mathbb{R}^n)$ であることを示せ．

(2) すべての $x \in \mathbb{R}^n$ に対して，
$$\lim_{r \downarrow 0} \frac{1}{r^n} \int_{Q(x,r)} |f(y)|^p \, dy = 0$$
を示せ．

(3) ほとんどいたるところ $f = 0$ であることを示せ．

3.3 関数の微分可能性

ルベーグ積分がなぜ役に立つか考えると，極限と積分の順序交換にばかり目が向くが，実際には関数の性質を非常によく記述していることが次の定理からわかる．

定理 3.5 **単調関数の微分可能性**

$f : [a, b] \to \mathbb{R}$ を有界区間 $[a, b]$ から $\mathbb{R}$ への単調増加関数とするとき，f はほとんどいたるところ微分可能である．

単調増加関数とは $a \leq s < t \leq b$ のときに，$f(s) \leq f(t)$ であることをいうが，この情報だけから微分可能性が得られるのである．
[証明] 証明は 2 つの部分に分かれる．

$$\overline{D}^{\pm} f(x) \equiv \limsup_{h \to 0\pm} \frac{f(x+h) - f(x)}{h}$$
$$\underline{D}^{\pm} f(x) \equiv \liminf_{h \to 0\pm} \frac{f(x+h) - f(x)}{h}$$

とおくとき，示すべきことは，ほとんどすべての $x \in (a, b)$ に対して，$\overline{D}^{+} f(x) = \overline{D}^{-} f(x) = \underline{D}^{+} f(x) = \underline{D}^{-} f(x)$ が成り立つことと，これらの値が有限であることである．ここでは，ほとんどすべての $x \in (a, b)$ に対して，$\overline{D}^{+} f(x) = \overline{D}^{-} f(x) = \underline{D}^{+} f(x) = \underline{D}^{-} f(x)$ が成り立つことのみを示す．ほとんどすべての $x \in (a, b)$ に対してこれらの値が有限であることも同じ方法で示すことができる．$k = 1, 2, \ldots$ に対して，

$$\left\{ x \in (a, b) : \lim_{h \downarrow 0} f(x+h) > k^{-1} + \lim_{h \downarrow 0} f(x-h) \right\}$$

が有限集合であるから，f の不連続点は高々可算である．そのことを踏まえて，

$$E \equiv \{x \in (a,b) : f \text{ は } x \text{ で連続で, } \overline{D}^+ f(x) > \overline{D}^- f(x)\}$$
$$F \equiv \{x \in (a,b) : f \text{ は } x \text{ で連続で, } \underline{D}^- f(x) > \underline{D}^+ f(x)\}$$
$$G \equiv \{x \in (a,b) : f \text{ は } x \text{ で連続で, } \overline{D}^+ f(x) \neq \underline{D}^- f(x)\}$$

の測度が 0 になることを示す．対称性から E のみを扱う．$\mathbb{Q}$ は $\mathbb{R}$ で稠密であるから，任意の有理数 α, β に対して，

$$E' \equiv \{x \in E : \overline{D}^+ f(x) > \alpha + \beta > \beta - \alpha > \overline{D}^- f(x)\}$$

の測度が 0 になることを示せばよい．仮に E' の測度が 0 ではないとする．$|E'| > 0$ であるから，$E' \subset G$, $|G| \leq 2|E'|$ となる開集合 $G \subset (a,b)$ が存在する．$g(t) = f(t) - \alpha t$ とおく．

g を近似する有限個の点からなる折れ線 Γ を考える．Γ は関数 h によって与えられるとする．h の微分不可能な点と a, b を小さい順に並べて，それらを $a = a_0 < a_1 < \cdots < a_N = b$ と表す．$E'_k = E' \cap (a_{k-1}, a_k)$ とする．E'_k の区間による被覆 $\{(p_{j,k}, q_{j,k})\}_{j \in J_k}$ で $I_j \subset G$, $j \in J_k$ となるものを取り，$h(a_{k-1}) \leq h(a_k)$ であるかそうではないかに応じて $\dfrac{g(q_{j,k}) - g(p_{j,k})}{q_{j,k} - p_{j,k}} < -\beta$ もしくは $\dfrac{g(q_{j,k}) - g(p_{j,k})}{q_{j,k} - p_{j,k}} > \beta$ となるようにとる．すると，$5r$ 被覆補題より，$\{(p_{j,k}, q_{j,k})\}_{j \in J_k, k=1,2,\ldots,N}$ の部分集合が存在して，合併の体積が $|E'|$ の体積の $\dfrac{1}{5}$ 以上となる互いに交わらない部分族 $\{(p_{j,k}, q_{j,k})\}_{j,k \in L}$ を考えることができる．h' を $x = a_0, a_1, \ldots, a_N$ 以外に $x = p_{j,k}, q_{j,k}, (j,k) \in L$ も加えて得られる g の折れ線とする．すると，ある定数 $c_{\alpha,\beta}$ が存在して h' のグラフの長さは h のそれより $c_{\alpha,\beta}|E'|$ 以上長いことになる．このような分点 $\{a_k\}_{k=0}^N$ から始めて，これに h' の微分可能でない点を加える操作は何回でも繰り返せるので，これは g の長さが有限であることに矛盾する． $\square$

ここでは，D. Austin, "*A geometric proof of the Lebesgue differentiation theorem*", Proc. Amer. Math. Soc., **16** (1965), pp.220-221 の証明を採録した．

この定理を単調ではない関数に拡張したい．次の用語を用意する．

定義 3.6　正変動量，負変動量，総変動量

関数 $f : [a,b] \to \mathbb{R}$ と分割 $\Delta : a = a_0 < a_1 < \cdots < a_N = b$ に対して，Δ に関する正変動量，負変動量，総変動量をそれぞれ

$$P_\Delta[a,b] \equiv \sum_{j=1}^{N} \max(0, f(a_j) - f(a_{j-1}))$$

$$N_\Delta[a,b] \equiv \sum_{j=1}^{N} \max(0, f(a_{j-1}) - f(a_j))$$

$$T_\Delta[a,b] \equiv \sum_{j=1}^{N} |f(a_j) - f(a_{j-1})|$$

と定める．さらに，正変動量，負変動量，総変動量をそれぞれ

$$P[a,b] \equiv \sup_\Delta P_\Delta[a,b]$$

$$N[a,b] \equiv \sup_\Delta N_\Delta[a,b]$$

$$T[a,b] \equiv \sup_\Delta T_\Delta[a,b]$$

とする．ここで Δ は $[a,b]$ の分割を動く．f が有界変動であるとは $T[a,b] < \infty$ が成り立つことである．

$[a,b]$ における単調増加関数や単調減少関数は $T_\Delta[a,b] = |f(a) - f(b)|$ となるので有界変動関数といえる．有界変動関数全体のなす集合は実線形空間をなすので，2 つの単調増加関数の差も有界変動関数であるといえるが，その逆もいえることを示そう．

定理 3.7　有界変動関数の構造定理

$f : [a,b] \to \mathbb{R}$ を有界変動関数とするとき，すべての $x \in [a,b]$ に対して

$$f(x) = f(a) + P[a,x] - N[a,x] \qquad (3.3)$$

が成り立つ．

[証明]　Δ を任意の分割とするとき，すべての $x \in [a,b]$ に対して $f(x) = f(a) + P_\Delta[a,x] - N_\Delta[a,x]$ が成り立つ．また，$P[a,x]$ と $N[a,x]$ の定義から，

$$P[a,x] = \lim_{M \to \infty} P_{\Delta(M;1)}[a,x], \quad N[a,x] = \lim_{M \to \infty} N_{\Delta(M;2)}[a,x]$$

となる分割の列 $\Delta(M;1), \Delta(M;2)$ が存在するが，$\Delta(M)$ でこれらの共通の分点をとって得られる分割とすると，

$$P_{\Delta(M;1)}[a,x] \leq P_{\Delta(M)}[a,x] \leq P[a,x]$$
$$N_{\Delta(M;2)}[a,x] \leq N_{\Delta(M)}[a,x] \leq N[a,x]$$

となる．したがって，

$$P[a,x] = \lim_{M \to \infty} P_{\Delta(M)}[a,x], \quad N[a,x] = \lim_{M \to \infty} N_{\Delta(M)}[a,x]$$

となり，M に関する恒等式

$$f(x) = f(a) + P_{\Delta(M)}[a,x] - N_{\Delta(M)}[a,x]$$

から (3.3) が成り立つ． □

定理 3.8　有界変動関数の可微分性

$f : [a,b] \to \mathbb{R}$ を有界区間 $[a,b]$ から $\mathbb{R}$ への有界変動関数とするとき，f はほとんどいたるところ微分可能である．

ここから先は 1 次元空間ではなく，n 次元空間へと進む．

1 次元空間では単調性という概念が考えられたが，多次元における適切な対応物はない．ルベーグの理論が使えるもう一つの例として，リプシッツ連続という概念を導入し，そのような連続性をもつ関数の微分について考察する．

定義 3.9　リプシッツ連続

$A \subset \mathbb{R}^n$ を集合とする．
(1) $f : A \to \mathbb{R}$ がリプシッツ連続であるとは，ある定数 $C > 0$ が存在して，$|f(x) - f(y)| \leq C|x - y|$ がすべての $x, y \in A$ に対して成り立つことをいう．このような C の下限を $\mathrm{Lip}(f)$ で表す．
(2) 連続写像 $f = (f_1, f_2, \ldots, f_m) : A \to \mathbb{R}^m$ がリプシッツ連続であるとは，その各成分 $f_j, j = 1, 2, \ldots, m$ がリプシッツ連続であるということである．

定理 3.10　リプシッツ関数の延長

$A \subset \mathbb{R}^n$ を任意の集合とする．A 上で定義されているリプシッツ連続関数 $f : A \to \mathbb{R}$ は等式 $\mathrm{Lip}(f) = \mathrm{Lip}(F)$ を満たす $\mathbb{R}^n$ 全体で定義されているリプシッツ関数 F の制限として表される．具体的には F を

$$F(x) = \inf_{a \in A}(f(a) + \mathrm{Lip}(f)|x - a|) \quad (x \in \mathbb{R}^n)$$

としてとれる．

[証明] $x \in A$ とするとき，F の定義式において $a = x$ を考えることで，$F(x) \leq f(x)$ は明らかであるが，任意の $a \in A$ について，

$$f(a) + \text{Lip}(f)|x - a|$$
$$= f(a) - f(x) + \text{Lip}(f)|x - a| + f(x)$$
$$\geq -\text{Lip}(f)|x - a| + \text{Lip}(f)|x - a| + f(x)$$
$$= f(x)$$

であるから，$f(x) \leq F(x)$ も正しい．したがって，F を A 上に制限すると f になる．また，$x_1, x_2 \in \mathbb{R}^n$ について，

$$F(x_1) = \inf_{a \in A}(f(a) + \text{Lip}(f)|x_1 - a|)$$
$$\leq \inf_{a \in A}(f(a) + \text{Lip}(f)|x_2 - a|) + \text{Lip}(f)|x_1 - x_2|$$
$$= F(x_2) + \text{Lip}(f)|x_1 - x_2|$$

であるから，$F(x_1) - F(x_2) \leq \text{Lip}(f)|x_1 - x_2|$ となる．x_1, x_2 の役割を逆にして，$F(x_2) - F(x_1) \leq \text{Lip}(f)|x_1 - x_2|$ も得られるから，$|F(x_1) - F(x_2)| \leq \text{Lip}(f)|x_1 - x_2|$ となる．したがって，$\text{Lip}(F) \leq \text{Lip}(f)$ である．f は F の制限であるから，$\text{Lip}(F) = \text{Lip}(f)$ である．以上より，F が求める関数であることがわかった． □

$O \subset \mathbb{R}^n$ を開集合とする．O で定義された関数 $f : O \to \mathbb{R}$ が点 x で全微分可能であるとは，あるベクトル v が存在して，任意の $\varepsilon > 0$ に対して，ある $\delta > 0$ が存在して，$y \in 0$ かつ $|x - y| < \delta$ のときに，

$$|f(x) - f(y) - v \cdot (x - y)| \leq \varepsilon |x - y|$$

が成り立つことをいう．

3.3 関数の微分可能性

リプシッツ関数の全微分可能性に関するラデマッハーの定理を証明しよう.

定理 3.11　ラデマッハーの定理

$f : \mathbb{R}^n \to \mathbb{R}$ をリプシッツ関数とするとき,f はほとんどいたるところ全微分可能である.

[証明] 基本ベクトル $e_1, e_2, \ldots, e_n$ を含むように

$$S^{n-1} \equiv \{|x| = 1\} \subset \mathbb{R}^n$$

の可算稠密集合 $\{v_m\}_{m=1}^\infty = \{(v_{1,m}, v_{2,m}, \ldots, v_{n,m})\}_{m=1}^\infty$ を固定する.

$$D_{v_m} f(x) \equiv \lim_{t \downarrow 0} \frac{f(x + tv_m) - f(x)}{t} \tag{3.4}$$

と定める.$Z_0 \equiv \{x \in \mathbb{R}^n : 極限 (3.4) が存在する\}$ とおくと,$|\mathbb{R}^n \setminus Z_0| = 0$ である.任意に自然数 m を固定する.$\zeta \in C_c^\infty(\mathbb{R}^n)$ とするとき,ルベーグの収束定理により

$$\lim_{t \downarrow 0} \int_{\mathbb{R}^n} \frac{f(x + tv_m) - f(x)}{t} \zeta(x) \, dx = \int_{\mathbb{R}^n} D_{v_m} f(x) \zeta(x) \, dx$$

であるが,

$$\Theta_{t,j,m}(x) \equiv \frac{\zeta(x) - \zeta(x - tv_m)}{t} - \sum_{j=1}^n \frac{\zeta(x) - \zeta(x - tv_{j,m}e_j)}{t}$$

とおくと,変数変換を多用して,

$$\int_{\mathbb{R}^n} \frac{f(x+tv_m)-f(x)}{t}\zeta(x)\,dx$$
$$=\int_{\mathbb{R}^n} \frac{\zeta(x)-\zeta(x-tv_m)}{t}f(x)\,dx$$
$$=\int_{\mathbb{R}^n} \Theta_{t,j,m}(x)f(x)\,dx+\sum_{j=1}^{n}\int_{\mathbb{R}^n}\frac{\zeta(x)-\zeta(x-tv_{j,m}e_j)}{t}f(x)\,dx$$
$$=\int_{\mathbb{R}^n} \Theta_{t,j,m}(x)f(x)\,dx+\sum_{j=1}^{n}\int_{\mathbb{R}^n}\frac{f(x+tv_{j,m}e_j)-f(x)}{t}\zeta(x)\,dx$$

となるから，ほとんどすべての $x\in\mathbb{R}^n$ に対して，$\partial_j f(x)$ が存在するので，

$$\lim_{t\downarrow 0}\int_{\mathbb{R}^n}\frac{f(x+tv_m)-f(x)}{t}\zeta(x)\,dx=\sum_{j=1}^{n}\int_{\mathbb{R}^n}v_{j,m}\partial_j f(x)\zeta(x)\,dx$$

となる．$\zeta\in C_c^\infty(\mathbb{R}^n)$ は任意であるから，ルベーグの微分定理により

$$D_{v_m}f(x)=\sum_{j=1}^{n}v_{j,m}\partial_j f(x)$$

が，ほとんどいたるところで成り立つ．したがって，

$$Z\equiv\bigcap_{m=1}^{\infty}\left\{x\in Z_0\,:\,D_{v_m}f(x)=\sum_{j=1}^{n}v_{j,m}\partial_j f(x)\right\}$$

もほとんど $\mathbb{R}^n$ と変わらない．つまり，$|\mathbb{R}^n\setminus Z|=0$ である．以下，$x\in Z$ ならば f は x で全微分可能であることを示そう．そのためには，

$$Df(x)\equiv(\partial_1 f(x),\partial_2 f(x),\ldots,\partial_n f(x)),$$

$$J_w(t)\equiv\frac{f(x+tw)-f(x)-tw\cdot Df(x)}{t}$$

として，

$$\lim_{t\downarrow 0}\left(\sup_{w\in S^{n-1}}|J_w(t)|\right)=0 \tag{3.5}$$

を示せば十分である．$w_1, w_2 \in S^{n-1}$ に対して，

$$|J_{w_1}(t) - J_{w_2}(t)| \leq \mathrm{Lip}(f)|w_1 - w_2| + |Df(x)| \cdot |w_1 - w_2|$$

であるから，δ_m を

$$\delta_m = \sup_{w\in S^{n-1}} \min(|w_1 - w|, |w_2 - w|, \ldots, |w_m - w|)$$

で定めるとき，

$$\sup_{w\in S^{n-1}}|J_w(t)| \leq \sup_{w\in\{w_1,w_2,\ldots,w_m\}}|J_w(t)| + \delta_m(\mathrm{Lip}(f) + |Df(x)|)$$

が成り立つ．$t \downarrow 0$ として，

$$\limsup_{t\downarrow 0}\left(\sup_{w\in S^n}\left|\frac{f(x+tw) - f(x) - tw\cdot Df(x)}{t}\right|\right)$$
$$\leq \delta_m(\mathrm{Lip}(f) + |Df(x)|)$$

となる．m は任意であるから，(3.5) が示された． □

問題 3.8

$[a,b]$ 上の実数値連続関数 f に対して，

$$\inf_{a<x<b}\underline{D}^+f(x) \leq \frac{f(b) - f(a)}{b - a} \leq \sup_{a<x<b}\overline{D}^+f(x)$$

が成り立つことを示せ．

3.4 章末問題

章末問題 3.1

$W : [0, \infty) \to [0, \infty)$ を単調増大関数,$\varphi : (0,1) \to (0, \infty)$ を連続な広義単調減少関数,$u : \mathbb{R}^n \to [0, \infty)$ を可測関数とする.可測集合 $E, \{\cdots\}$ が与えられたときに,

$$u(E) = \int_E u(x)\, dx, \quad u(\{\cdots\}) = u\{\cdots\}$$

と略記する.M を立方体が生成する非中心型の極大作用素

$$Mf(x) = \sup_{Q \in \mathcal{Q}_x} \frac{1}{|Q|} \int_Q |f(y)|\, dy$$

とするとき,次の (A) と (B) は同値であることを示したい.

(A) 定数 $c_1 > 0$ が存在して,すべての可測集合 E に対して,

$$W(u\{M\chi_E > \lambda\}) \le c_1 \varphi(\lambda) W(u(E)) \tag{3.6}$$

が成り立つ.

(B) 次の性質を満たしている定数 $c_2 > 0$ が存在する.すなわち,$\{Q_j\}_{j=1}^{J}$ を有限個の立方体の集まりで,各 $j = 1, 2, \ldots, J$ に対して,可測集合 E_j が与えられて,

$$E_j \subset Q_j, j = 1, 2, \ldots, J$$

が満たされているとするとき,

$$\min_{j=1,2,\ldots,J} \frac{1}{\varphi(|Q_j|^{-1}|E_j|)} \le c_2 \frac{W(u(\bigcup_{j=1}^{J} E_j))}{W(u(\bigcup_{j=1}^{J} Q_j))} \tag{3.7}$$

が成り立つ.

以下の問に答えよ.はじめに,(A) を仮定する.
$\{Q_j\}_{j=1}^{J}$ を有限個の立方体の集まりで,各 $j = 1, 2, \ldots, J$ に対

して，可測集合 E_j が与えられて，$E_j \subset Q_j, j = 1, 2, \ldots, J$, が満たされているとする．

$$\lambda = \max_{j=1,2,\ldots,J} \frac{|E_j|}{|Q_j|}, E = \bigcup_{j=1}^{J} E_j, Z = \bigcup_{j=1}^{J} Q_j$$

と略記する．このとき，

$$W(u(Z)) \leq c_1 \varphi(\lambda) W(u(E)) \qquad (3.8)$$

を示すことにする．【したがって，(A) を仮定すると，(B) が $c_2 = c_1$ で成り立つことになる．】

(A-1) 包含関係 $\{M\chi_E \geq \lambda\} \supset Z$ を示せ．

(A-2) (3.8) を示せ．

次に (B) を仮定する．E を可測集合，K を $\{M\chi_E > \lambda\}$ に含まれるコンパクト集合とする．

(B-1) 有限個の立方体 $Q_1, Q_2, \ldots, Q_J$ が存在して，

$$K \subset \bigcup_{j=1}^{J} Q_j, |Q_j \cap E| > \lambda |Q_j| \quad (j = 1, 2, \ldots, J)$$

が成り立つことを示せ．

(B-2) 不等式 $W(u(K)) \leq c_2 \varphi(\lambda) W(u(E))$ を示せ．

(B-3) 不等式 $W(u\{M\chi_E > \lambda\}) \leq c_2 \varphi(\lambda) W(u(E))$ を示せ．

章末問題 3.2

$\mathbb{R}$ 上のボレル測度 μ, ν をそれぞれ次のように与える．ν が μ に関して絶対連続となるものはどれか？ その場合に，密度 f はどのようになるか？

(1) $\mu = dx, \nu = \delta_{\{1,2\}}$

(2) $\mu = dx, \nu = \frac{1}{\sqrt{2\pi}} \exp\left(-\frac{x^2}{2}\right) dx$

(3) $\mu = \frac{1}{\sqrt{2\pi}} \exp\left(-\frac{x^2}{2}\right) dx, \nu = dx$

章末問題 3.3

$\lambda \in (0,1)$, A, B を $0 < |A| < \lambda$ を満たしている $[0,1)^n$ の可測部分集合とする.

$$\mathcal{D} = \{(2^{-j}k + [0, 2^{-j})^n) \cap [0,1)^n : j \in \mathbb{Z}, \quad k \in \mathbb{Z}^n\}$$

とおき, $\mathcal{D}$ に属する立方体を ($[0,1)^n$ に関する) 2 進立方体という. $\mathcal{D}$ の部分族 $\mathcal{Z}$ が以下の性質を満たしているとする.

(i) 任意の $Q \in \mathcal{Z}$ に対して, $|A \cap Q| > \lambda |Q|$ が成り立つ.

(ii) 任意の $|A \cap Q| > \lambda |Q|$ となる $Q \in \mathcal{Z}$ に対して, Q を真に含む最小の $R \in \mathcal{D}$ を Q^* と書くと (この Q^* を Q の親という), $Q^* \subset B$ が成り立つ.

以下の問に答えよ.

(1) A のルベーグ点全体のなす集合を A_0 とおくとき, $|A \setminus A_0| = 0$ を示せ.

(2) $x \in A_0$ に対して, $|A \cap Q| > \lambda |Q|$ となる x を含む $[0,1)^n$ 内の 2 進立方体 $Q \in \mathcal{Z}$ で, 包含関係に関して極大なものを $Q(x)$ とすると, $Q(x) \neq [0,1)^n$ を示せ.

(3) $|A| \leq 2^n \lambda |B|$ を示せ.

章末問題 3.4

$f : \mathbb{R}^n \to \mathbb{R}^m$ をリプシッツ連続写像とする. f はルベーグ可測集合をルベーグ可測集合へと移すことを示せ.

第4章

測度論の確率論への応用

　サイコロを 1 回振ると，出る目の平均値は 3.5 であることはだれでも認めることであるが，3.5 という目は実際には存在しない．確率の重要な考え方の 1 つとして，不確かな事項に対する目安を見出すということがある．理論上成立しえないが，考えなくてはいけない事項はサイコロの目の平均値以外にもいろいろとある．その典型的なものはサンプルを多くとった時に考えなくてはならない平均である．多くとったとしても確率は一定の方法で計算できるが，その計算方法は非常に煩雑である．そこで，データは無限に存在すると考えたくなる．すると近似という仮定が発生するが，そもそも無限にデータをとれるかどうかという問題が生じてくる．つまり，数学的に無限のデータを基に確率を考察するということはいかなることかということが問題になる．そこで重要になるのが測度論で，データが無限にあると想定している状況を測度空間が可能にしてくれる．さらに，$\sigma-$集合体を用いることでそのような状況の中で，考えることができる事象を明確にしてくれる．本章では，測度を用いた確率論を展開するが，「中心極限定理」と「大数の法則」は定理を記述するにとどめる．

4.1 測度論の立場から見た確率論

$(X, \mathcal{B}, \mu)$ を確率空間とする．文脈から確率の文章であるとわかるときは，ほとんどいたるところという代わりに，ほとんど確実にということにする．これは a.s.(almost surely) と略記される．また，同様の文脈において，確率変数とは可測関数である．

例 4.1

(1) a, b を有限な実数とする．$\Omega = [a, b]$ とするとき，ルベーグ測度を $[a, b]$ に含まれるボレル集合に制限して更に $b - a$ で割ることで，確率空間が得られる．

(2) $\Omega = \{1, 2, 3, 4, 5, 6\}$ とする．μ を計数測度を $\frac{1}{6}$ 倍して得られる測度とすると，確率空間が得られる．これはサイコロを一度振って得られる目の状況を確率空間として表していることになる．

(3) $\Omega = \{($男，男$), ($女，女$), ($男，女$), ($女，男$)\}$ とするとき，これで群衆の中から重複を許して2人の人間を選んで得られた人間の性別を考察するモデルが得られたことになる．μ を Ω 上の計数測度を $\frac{1}{4}$ 倍して得られる測度とすると，確率空間が得られる．つまり，男女比率が均等であると仮定した時の選ばれ方を表していることになる．

(4) $x \in \mathbb{R}$ に対して $f(x) = \dfrac{1}{x^2 + \pi^2}$ とする．ボレル集合 E に対して，$\mu(E) = \displaystyle\int_E f(x)\,dx$ と定めると，確率空間 $(\mathbb{R}, \mathcal{B}, \mu)$ が得られる．確率変数 X を $X(t) = t$ とする．このとき，$\mu(X = 0) = \displaystyle\int_{\{0\}} f(x)\,dx = 0$ であるから，確率変数 X はほとんど確実に 0 をとらない．

(5) さいころを無限に投げ続けて，1 の目が出続ける確率は 0 で

ある.このことから,さいころを投げ続けると,ほとんど確実に $2, 3, 4, 5, 6$ の目が出るといえる.

(6) さいころを $100000 = 10^5$ 回投げたとして,1の目だけが出る確率は $6^{-100000}$ である.この確率は 0 でないので,100000 回投げた場合はほとんど確実に $2, 3, 4, 5, 6$ の目が出るとはいえない.

(7) $[0, 1]$ 上からランダムに等確率で数字をひとつ選ぶ.選んだ数字が 0.5 であることは理論上あり得なくはないが,その他の数が圧倒的に多い以上,また,等確率で選んでいる以上,0.5 が選ばれる確率は 0 である.よって,ほとんど確実に 0.5 は選ばれない.実際には,0.5 以外にも 0, 0.1, 0.03, 0.004, 0.325, $e - 2$ など無限にほかの数があるから,$\dfrac{1}{\infty} = 0$ と考えていることになるであろう.

以後,$P(X > \lambda) = P(\{X > \lambda\})$ などと略記する.

定義 4.2 分布,平均,分散,独立確率変数

$(X, \mathcal{B}, P)$ を確率空間とする.

(1) 実数値確率変数 X の**分布**とは関数 $\lambda \in \mathbb{R} \mapsto P(X > \lambda)$ のことである.実数値確率変数 X と Y の分布が同じとき,X と Y は**同分布**という.

(2) $m \in \mathbb{R}, \sigma > 0$ とする.実数値確率変数 X が正規分布 $N(m, \sigma^2)$ に従うとは,任意の $\lambda \in \mathbb{R}$ に対して,
$$P(X > \lambda) = \frac{1}{\sqrt{2\pi\sigma^2}} \int_\lambda^\infty \exp\left(-\frac{(t-m)^2}{2\sigma^2}\right) dt$$
が成り立つことをいう.

(3) 可積分な確率変数 X の積分
$$\int_\Omega X(\omega) dP(\omega)$$

を平均といい，$E[X]$ と表す．
(4) 2 乗可積分な確率変数 X に対して，$V[X] = E[|X|^2] - |E[X]|^2$ を**分散**という．
(5) 確率変数列 $\{X_n\}_{n=1}^{\infty}$ が**独立**であるとは，任意の $N \in \mathbb{N}$ と任意の N 個の元をもつ有限集合 $\{\lambda_j\}_{j=1}^{N} \subset \mathbb{R}$ に対して，

$$P(X_1 > \lambda_1, \ldots, X_N > \lambda_N)$$
$$= P(X_1 > \lambda_1) \cdots P(X_N > \lambda_N)$$

が成り立つことである．さらに，任意の $j \geq 2$ に対して X_j と X_1 が同分布のときに，確率変数列 $\{X_n\}_{n=1}^{\infty}$ は**独立同分布**という．

中心極限定理とは次の定理を指す．中心極限定理と大数の法則は混同しやすいが，平方根が出てくるのが前者で，後者は単なる平均に関する定理である．

定理 4.3　中心極限定理

実数値確率変数 $X_1, X_2, \ldots, X_n, \ldots$ が独立同分布である時，

$$\lim_{n \to \infty} \frac{X_1 + X_2 + \cdots + X_n - nE[X_1]}{\sqrt{n}}$$

は平均が 0 で分散が $V[X_1]$ の $N(0, V[X_1])$ に分布の意味で収束する．つまり，すべての実数直線全体で定義された有界連続関数 f に対して，

$$\lim_{n \to \infty} E\left[f\left(\frac{X_1 + X_2 + \cdots + X_n - nE[X_1]}{\sqrt{n}} \right) \right]$$
$$= \frac{1}{\sqrt{2\pi V[X_1]}} \int_{-\infty}^{\infty} f(t) \exp\left(\frac{-t^2}{2V[X_1]} \right) dt$$

が成り立つ．

大数の（強）法則とは次の定理を指す．

定理 4.4 　大数の（強）法則

期待値を考えることができる実数値確率変数 $\{X_n\}_{n=1}^{\infty}$ が独立同分布であるとき，（ほとんど確実に）
$$\lim_{n\to\infty} \frac{1}{n}(X_1 + X_2 + \cdots + X_n) = E[X_1]$$
が成り立つ．

一般に，確率変数 $\{Y_n\}_{n=1}^{\infty}$ が分布 μ に（分布の意味で）収束するとは，すべての有界連続関数 f について，
$$\lim_{n\to\infty} E[f(Y_n)] = \int_{-\infty}^{\infty} f(t) d\mu(t)$$
が成立することである．ここで，区間 $[a,b]$ の特性関数 $\chi_{[a,b]}$ と，$0 \leq f(t) \leq \chi_{[a,b]}(t) \leq g(t) \leq 1$ となる任意の関数 f, g について，$f - g$ が 0 とならない点全体を I とするとき，
$$0 \leq \|g\|_{L^1(\mu,\mathbb{R})} - \|f\|_{L^1(\mu,\mathbb{R})} \leq \int_I d\mu(t)$$
と
$$\|g\|_{L^1(\mu,\mathbb{R})} \leq \|\chi_{[a,b]}\|_{L^1(\mu,\mathbb{R})} \leq \|f\|_{L^1(\mu,\mathbb{R})}$$
であるから，μ の密度が連続の場合はすべての区間 (a,b) について，
$$\lim_{n\to\infty} P(Y_n \in I) = \mu(I)$$
が成り立つ．

コインを投げて，表が出たら得点 1，裏が出たら得点 -1 とする．

この試行を n 回目にした時の得点を X_n として，
$$\frac{1}{\sqrt{n}}(X_1 + X_2 + \cdots + X_n)$$
が収束するというのが中心極限定理の主張することであるが，大切なことは収束の意味合いが「分布の意味」と通常の極限ではないことである．通常の極限が存在すればわかりやすいのだが，残念ながら，極限がほとんど確実に存在しないことが知られている．

次に条件つき期待値を考える．これも測度論の効用であることがすぐにわかるであろう．

定義 4.5 条件つき期待値

$(\Omega, \mathcal{F}, P)$ を確率空間とする．$\mathcal{G} \subset \mathcal{F}$ を部分 σ-集合体とする．任意の $\mathcal{F}$-可測な $X \in L^1(\mu)$ に対して，ある $\mathcal{G}$-可測な $Y \in L^1(\mu)$ が存在して，すべての $A \in \mathcal{G}$ に対して，
$$\int_A X(\omega)\,dP(\omega) = \int_A Y(\omega)\,dP(\omega)$$
が成り立つ．この Y を $E[X|\mathcal{G}]$ と書く．

このような Y の存在はラドン・ニコディムの定理より得られる．実際に，$\nu(A) = \displaystyle\int_A X(\omega)\,dP(\omega)$ とすると，ν は μ について絶対連続な符号つき測度であるから，$\dfrac{d\nu}{d\mu} = Y$ とすれば，ラドン・ニコディムの定理より所望の $Y \in L^1(\mu)$ が得られる．

条件つき期待値という概念は高校で扱った条件つき確率と結びついていることが次の例からわかる．

例 4.6

$A_j \in \mathcal{F}$ として，$\Omega = \displaystyle\sum_{j=1}^{N} A_j$ と分割されている状況を考える．$\mathcal{A} = \sigma(\{A_1, A_2, \ldots, A_N\})$ とおく．この場合は $X \in L^1(\mu)$ に対

して，

$$E[X|\mathcal{G}] = \sum_{k=1}^{N} \frac{\chi_{A_k}}{P(A_k)} \int_{A_K} X(\omega)\, dP(\omega)$$

となる．特に，$X = \chi_E$ のときは，

$$E[X|\mathcal{G}] = \sum_{k=1}^{N} \frac{P(E \cap A_k)\chi_{A_k}}{P(A_k)}$$

である．ここに現れた $\dfrac{P(E \cap A_k)}{P(A_k)}$ が高校の時に学習した E の A_k の下での条件つき確率であった．

問題 4.1

(1) ほとんど確実に起きている事柄はどれか？ 該当するものをすべて選べ．

【ア】 まったく知らない 70 人に対して，出生地は日本のどの都道府県なのかを言い当てようとするとき，必ず誰か 1 人は外す．

【イ】 円周上から任意に 2 点 x, y を選ぶとき，$x \neq y$ となる．

【ウ】 自分を含めた 15 人がじゃんけんをするとき，1 回目で自分が残り 14 人を全員負かして勝つことはない．

(2) 確率が関係する次の事柄を推察する場合は，中心極限定理か大数の法則を使う．どちらの定理を使っているか区別せよ．

【ア】 画鋲を 400 回振って，底面が接地する回数は 295 回だったから，大体底面が接地する確率は $\dfrac{3}{4}$ 程度である．

【イ】 まったくでたらめに 900 人の男性を連れてきて，その人の背筋力を調べると，その分布は山の形をしている．

【ウ】 まったくでたらめに 4000 人を連れてきて，その人の生年月日を調べると大体 350 人程度は 1 月生まれの人がいると考えられる．

【エ】 $P(X_1 = 1) = P(X_1 = -1) = \frac{1}{2}$ を満たす確率分布 X_1 が与えられたとする．また，$X_1, X_2, \ldots, X_N, \ldots$ を独立かつ同分布とする．このとき，

$$\frac{1}{N}(X_1 + X_2 + \cdots + X_N) \to 0$$

が成り立つ．

問題 4.2　ボレル・カンテリーの補題

(1) $(X, \mathcal{B}, \mu)$ を測度空間，$\{A_n\}_{n=1}^{\infty} \subset \mathcal{B}$ を X の部分集合からなる集合列で，$\sum_{n=1}^{\infty} \mu(A_n) < \infty$ を満たすと仮定する．集合列 $\{A_n\}_{n=1}^{\infty}$ の上極限を $\limsup_{n\to\infty} A_n \equiv \bigcap_{n=1}^{\infty} \bigcup_{m=n}^{\infty} A_m$ と定義するとき，$\mu\left(\limsup_{n\to\infty} A_n\right) = 0$ が成り立つことを示せ．

(2) $(X, \mathcal{B}, \mu)$ を確率空間とする．独立事象の列 $\{A_n\}_{n=1}^{\infty}$ が

$$\sum_{n=1}^{\infty} \mu(A_n) = \infty$$

を満たすとき，$\mu\left(\limsup_{n\to\infty} A_n\right) = 1$ が成り立つことを示せ．

4.2　コルモゴロフの拡張定理

与えられた確率分布 $Z_i, i = 1, 2, \ldots$ に対して，確率空間 $(\Omega, \mathcal{F}, P)$ とそこで定義された独立確率変数の可算列 $X_1, X_2, \ldots, X_i, \ldots$ が存在して，X_i の分布が Z_i になるか，という問いを考える．以下，$\mu_i, i = 1, 2, \ldots$ を可測空間 $(\mathbb{R}, \mathcal{B})$ 上の正則ボレル確率測度とする．ここで，μ_i が正則とは，すべてのボレル集合 E に対して，

$$\mu_i(E) = \sup\{\mu_i(K) : K \text{ は } \mathbb{R} \text{ のコンパクト集合}\}$$

が成り立つことを意味する．ここでは，Ω の構造を

$$\Omega = \{\{a_i\}_{i=1}^\infty : a_i \in \mathbb{R}(i=1,2,\ldots)\} = \mathbb{R}^\mathbb{N} \quad (\mathbb{R}^N \text{ ではない})$$

として与える．

定義 4.7　シリンダー集合

$n = 1, 2, \ldots$ を止める．$B \in \mathcal{B}(\mathbb{R}^n)$ を用いて，

$$C_B = \{\{a_i\}_{i=1}^\infty \in \mathbb{R}^\mathbb{N} : (a_1, a_2, \ldots, a_n) \in B\}$$

と定める．適当な自然数 n と $B \in \mathcal{B}(\mathbb{R}^n)$ を用いて，C_B と表される集合をシリンダー集合と総称する．シリンダー集合 $C_B, B \in \mathcal{B}(\mathbb{R}^n)$ に対して，

$$\nu(C_B) = \mu_1 \otimes \mu_2 \otimes \cdots \otimes \mu_n(B)$$

と定める．

$C_B = C_{B \times \mathbb{R}}$ であるが，$\mu_1, \mu_2, \ldots$ が確率測度であるから，ν の定義は C_B の表示，特に n のとり方によらない．2つのシリンダー集合 C_{B_1}, C_{B_2} について，$\nu(C_{B_1} \cup C_{B_2}) \leq \nu(C_{B_1}) + \nu(C_{B_2})$ が成り立つ．この関係は可算個の和 $\bigcup_{j=1}^\infty C_{B_j}$ についても拡張されるが，前提条件として $\bigcup_{j=1}^\infty C_{B_j}$ はシリンダー集合であるとする．

部分集合 $E \subset \Omega$ に対して，

$$\Gamma(E) \equiv \inf\left\{\sum_{j=1}^\infty \nu(C_{B_j}) : E \subset \bigcup_{j=1}^\infty C_{B_j}, \quad B_j \in \mathcal{R}^{n_j}\right\}$$

と定める．ただし，$n_1, n_2, \ldots$ は任意の自然数列全体を動く．$E \subset \Omega$ が可測であるとは，すべての $F \subset \Omega$ について，

$$\Gamma(F) = \Gamma(E \cap F) + \Gamma(E^c \cap F)$$

が成り立つことであると定める．ルベーグ測度を考察した時に似た方法で次のことは容易に証明できる．

補題 4.8

(1) $E_1, E_2, \ldots \subset \Omega$ を任意の部分集合列の可算列とするとき，
$$\Gamma\left(\bigcup_{j=1}^{\infty} E_j\right) \leq \sum_{j=1}^{\infty} \Gamma(E_j) \text{ が成り立つ．}$$
(2) 可測な集合全体は σ-集合体をなす．

この時点では，シリンダー集合が可測であるとも，$\Gamma(\Omega) = 1$ であるともわからない．これらのことを示したいがそのためには次の補題が重要である．ここで，位相的な条件が必要となる．

補題 4.9

$A_1 \supset A_2 \supset \cdots$ かつ $\inf_{i \in \mathbb{N}} \nu(A_i) > 0$ となるシリンダー集合の列 $A_1, A_2, \ldots$ に対して，$\bigcap_{i=1}^{\infty} A_i \neq \emptyset$ である．

[証明] $\Omega, \Omega, A_1, A_1, A_1, A_2, A_3, A_4, A_4, \ldots$ のように $\Omega, A_1, A_2, \ldots$ をいくつかを複製したり，$A_1 = C_{B_1}$ を $A_1 = C_{B_1 \times \mathbb{R}}$ と見なしたりして，シリンダー集合のとり方を変えることで，

$$A_i = C_{B_i}, B_i \in \mathbb{R}^i$$

と仮定してよい．$\varepsilon \equiv \frac{1}{2} \inf_{i \in \mathbb{N}} \nu(A_i) > 0$ とおく．μ_i が正則であるから，$\mathbb{R}^i$ のコンパクト集合 $K_i \subset B_i$ が存在して，

$$\mu_1 \otimes \mu_2 \otimes \cdots \otimes \mu_i(B_i) < \mu_1 \otimes \mu_2 \otimes \cdots \otimes \mu_i(K_i) + \frac{\varepsilon}{2^{i+3}}$$

が成り立つ．$i = 1, 2, \ldots$ に対して，$L_i = \bigcap_{j=1}^{i} C_{K_j}$ とおく．$L_i \neq \emptyset$ を示そう．

$L_i \neq \emptyset$ を示すべく，$\nu(L_i) > 0$ を確かめよう．実際，

$$\begin{aligned}
\nu(A_i \setminus L_i) &= \nu \left(\bigcup_{j=1}^{i} A_i \setminus C_{K_j} \right) \\
&\leq \nu \left(\bigcup_{j=1}^{i} A_j \setminus C_{K_j} \right) \\
&\leq \sum_{j=1}^{i} \nu(A_j \setminus C_{K_j}) \\
&< \varepsilon
\end{aligned}$$

となるから，$\nu(L_i) = \nu(A_i) - \nu(A_i \setminus L_i) > \varepsilon$ が得られる．よって，$L_i \neq \emptyset$ である．

次に $\bigcap_{i=1}^{\infty} L_i \neq \emptyset$ を示そう．これができれば，これより大きい集合 $\bigcap_{i=1}^{\infty} A_i$ も元をもつことになる．実際に，L_j の j に関する減少性と K_j のコンパクト性から

$$L_j \subset C_{[a_1, b_1] \times [a_2, b_2] \times \cdots \times [a_j, b_j]}$$

となる $a_1, b_1, \ldots$ をとって来られる．L_j は空集合ではないとわかっているので，元を 1 つとり，それを $(x_{1,j}, x_{2,j}, \ldots, x_{k,j}, \ldots) \in L_j$ とする．

$j \geq k$ のときに $x_{k,j} \in [a_k, b_k]$ だから，対角線論法により各自然数につき，$\{x_{k,j}\}_{j=1}^{\infty}$ の部分列 $\{x_{k,j_l}\}_{l=1}^{\infty}$ に移ると，x_k に収束しているようなものが存在する．L_k は閉集合で

$$(x_{1, j_k}, x_{2, j_k}, \ldots, x_{k, j_k}, \ldots, x_{m, j_k}, \ldots) \in L_{j_k} \subset L_k$$

であるから，$(x_1, x_2, \ldots, x_k, \ldots) \in L_k$ である．よって，$\bigcap_{i=1}^{\infty} L_i \neq \emptyset$ である． □

系 4.10

$\Gamma(\Omega) = 1$

[証明] $\Gamma(\Omega)$ に関しては次の公式が成り立つ．

$$\Gamma(\Omega) = \inf \left\{ \sum_{j=1}^{\infty} \nu(C_{B_j}) : \sum_{j=1}^{\infty} C_{B_j} = \Omega \right\}$$

各 B_j は $\mathbb{R}^{n_j}$ のボレル集合で，$\sum_{j=1}^{\infty} C_{B_j} = \Omega$ が成り立つとすると，補題 4.9 より，

$$\lim_{J \to \infty} \nu \left(\sum_{j=J}^{\infty} C_{B_j} \right) = 0$$

が成り立つ．したがって，$\sum_{j=J}^{\infty} C_{B_j} = \Omega \setminus \bigcup_{j=1}^{J-1} C_{B_j}$ がシリンダー集合であるから，

$$1 = \lim_{J \to \infty} \left\{ \sum_{j=1}^{J} \nu(C_{B_j}) + \nu \left(\sum_{j=J}^{\infty} C_{B_j} \right) \right\} = \sum_{j=1}^{\infty} \nu(C_{B_j})$$

となる．したがって，$\Gamma(\Omega) = 1$ である． □

系 4.11

すべてのシリンダー集合 B に対して $\nu(B) = \Gamma(B)$ が成り立つ．

[証明] $\nu(B) \geq \Gamma(B)$, $\nu(B^c) \geq \Gamma(B^c)$ であるから，系 4.10 より

$$1 = \nu(B) + \nu(B^c) \geq \Gamma(B) + \Gamma(B^c) = \Gamma(\Omega) = 1$$

となる．よって，$\nu(B) = \Gamma(B)$ である． □

以上のことから，次の結論を得る．

定理 4.12　コルモゴロフの拡張定理

$\mu_i, i = 1, 2, \ldots$ を $\mathbb{R}$ 上のボレル正則確率測度とする．$\mathcal{B}$ で，シリンダー集合全体の生成する σ-集合体とする．このとき，$\mathbb{R}^{\mathbb{N}}$ 上の確率測度 $\mu : \mathcal{B} \to [0, 1]$ で，各 $n \in \mathbb{N}$ と $A_n \in \mathcal{B}(\mathbb{R}^n)$ について，

$$\mu(A_n \times \mathbb{R}^{\mathbb{N}}) = \mu_1 \otimes \mu_2 \otimes \cdots \otimes \mu_n(A_n) \quad (4.1)$$

が成り立つものが存在する．この μ を

$$\mu = \lim_{n \to \infty} \mu_1 \otimes \mu_2 \otimes \cdots \otimes \mu_n$$

と書く．

この定理の重要な応用例として独立確率変数の構成がある．(4.1) と独立の定義から次のことが得られる．

定理 4.13　可算無限個の独立確率変数の構成

$j = 1, 2, \ldots$ とする．定理 4.12 において，p_j で第 j 成分への射影を表すとするとき，すべての $A \in \mathcal{B}(\mathbb{R})$ について，$p_j(A) = \mu_j(A)$ が成り立ち，$\{p_j\}_{j=1}^{\infty}$ は独立である．

問題 4.3　コイントス，サイコロの無限投擲

(1) 確率空間 $(X, \mathcal{B}, P)$ とそこで定義されている独立同分布確率変数列 $X_1, X_2, \ldots, X_j, \ldots$ で，

$$P(X_1 = 1) = P(X_1 = -1) = \frac{1}{2}$$

が成り立つようなものを構成せよ．

(2) 確率空間 $(X, \mathcal{B}, P)$ とそこで定義されている独立な同分布な確率変数 $X_1, X_2, \ldots, X_j, \ldots$ で，

$$P(X_1 = k) = \frac{1}{6} \quad (k = 1, 2, \ldots, 6)$$

が成り立つようなものを構成せよ．

4.3 章末問題

章末問題 4.1 ラデマッハー関数

$[0,1)$ 上の関数列 f_N を $f_N(t) = (-1)^{[2^N t]}$ $(t \in [0,1))$ と定義する．$[0,1)$ 上にルベーグ測度を制限したものを P と表し，確率空間 $([0,1), \mathcal{B}([0,1)), P)$ を与える．

(1) $P\{f_1 = a_1, f_2 = a_2, \ldots, f_N = a_N\}$ を $a_1, a_2, \ldots, a_N = \pm 1$ に対して求めよ．

(2) $\{f_j\}_{j=1}^\infty$ は独立確率変数であることを示せ．

章末問題 4.2 スターリングの公式 I

(1) $n! = \displaystyle\int_0^\infty x^n \dfrac{dx}{e^x}$ を示せ．

(2) $n! = \displaystyle\int_{-n}^\infty (t+n)^n e^{-(n+t)} dt = n^{n+1} e^{-n} \int_{-1}^\infty ((t+1)e^{-t})^n dt$ を示せ．

(3) $a = 10^{-1}$ とおく．$n \geq 2$ のとき，
$$\int_a^\infty (t+1)^n e^{-tn} dt \leq 2((1+a)e^{-a})^{n-1}$$
$$\int_{-1}^{-a} (t+1)^n e^{-tn} dt \leq (1-a)((1-a)e^a)^n$$

を示せ．

(4) $-a \leq t \leq a$ のとき，
$$1 - \dfrac{t^2}{2} \leq (t+1)e^{-t} \leq 1 - \dfrac{t^2}{2} + |t|^3$$

を示せ．

(5) スターリングの公式 $\displaystyle\lim_{n \to \infty} \dfrac{n! e^n}{n^n \sqrt{n}} = \sqrt{2\pi}$ を示せ．

章末問題 4.3　スターリングの公式 II

関数 $f_t : (-t, \infty) \to (0, \infty)$ を $f_t(x) = \dfrac{1}{e^{tx}} \left(1 + \dfrac{x}{t}\right)^{t^2}$ と定義するとき，以下の問いに答えよ．ただし，$t > 0$ とする．

(1) $s > 0$ に対して，$\Gamma(s+1) = \dfrac{s\sqrt{s}}{e^s} \displaystyle\int_{-\sqrt{s}}^{\infty} f_{\sqrt{s}}(x)\, dx$ を示せ．

(2) すべての $x \in \mathbb{R}$ に対して $f_t(x) \to e^{-x^2}$ $(t \to \infty)$ を示せ．

(3) $-t < x < t$ のとき，$f_t(x) \leq \exp\left(-\dfrac{x^2}{2} + \dfrac{x^3}{3t}\right)$ を示せ．

(4) $x > t$ のとき，$f_t(x) \leq 2x^2 e^{-x^2}$ を示せ．

(5) $\displaystyle\lim_{s \to \infty} \dfrac{\Gamma(s+1)}{e^{-s} s^s \sqrt{s}} = \sqrt{2\pi}$ を示せ．

第 5 章

ルベーグ積分の
フーリエ解析への応用

　　フーリエ解析はフーリエが熱方程式を考察するのに考えた学問といえる．フーリエは円板の境界の温度分布に興味をもった．しかし，フーリエがフーリエ級数を考えた時代にはそもそも関数とは何かということが明確ではなかった．ルベーグはそのような関数とは何かという問いと，実際に，ルベーグの考える関数に対して，フーリエ級数，フーリエ変換がどのようにふるまうのかを研究した．本書ではルベーグ可積分関数などを説明したが，これらの用語によってフーリエ解析の用語の定義を明確にできる．フーリエ変換やフーリエ級数は積分が意味をなすことが重要であるが，本章ではその先にある 2 乗可積分関数のフーリエ変換について説明する．

5.1　2乗可積分関数のフーリエ級数

フーリエ級数論の中でも 2 乗可積分関数が重要な意味をもつパーセバルの等式を考察する．まず，2π-周期の関数 f のフーリエ係数

$$c_k(f) = \frac{1}{2\pi} \int_0^{2\pi} f(x) e^{-ikx} \, dx \quad (k \in \mathbb{Z}) \tag{5.1}$$

を考える．「関数」が与えられた時に，いかにして $c_k(f)$ を与えている積分に意味をもたせるかという問題は重要である．ここではルベーグ積分の考え方で，f が $[0, 2\pi]$ で可積分であることとしよう．

また，多次元における周期が 2π の関数とは，すべての $m \in \mathbb{Z}^n$ に対して $f(x) = f(x + 2\pi m)$ を満たしている関数のことである．ここでは，$\mathbb{T}^n \equiv [0, 2\pi)^n$ と定めて，周期 2π の関数を調べていくことにする．

定義 5.1　$L^p(\mathbb{T}^n), C(\mathbb{T}^n), C^k(\mathbb{T}^n)$

(1) $1 \le p < \infty$ のとき

$L^p(\mathbb{T}^n)$
$\equiv \{f : \mathbb{R}^n \to \mathbb{C} : f\text{は周期}2\pi\text{の可測関数で，}\|f\|_{L^p(\mathbb{T}^n)} < \infty\}$,

と定義する．ただし，ノルム $\|f\|_{L^p(\mathbb{T}^n)}$ は

$$\|f\|_{L^p(\mathbb{T}^n)} \equiv \left(\int_{\mathbb{T}^n} |f(x)|^p \, dx \right)^{\frac{1}{p}} \tag{5.2}$$

で与える．

(2) $p = \infty$ のときは $L^\infty(\mathbb{T}^n) = L^1(\mathbb{T}^n) \cap L^\infty(\mathbb{R}^n)$ と定めて，この集合には通常の $L^\infty(\mathbb{R}^n)$-ノルムを与える．

(3) $C(\mathbb{T}^n) \equiv L^\infty(\mathbb{T}^n) \cap C(\mathbb{R}^n)$ に $L^\infty(\mathbb{T}^n)$-ノルムを与えてバナッハ空間にする. すなわち, $f \in C(\mathbb{T}^n)$ に対して, $\|f\|_{C(\mathbb{T}^n)} \equiv \|f\|_{L^\infty(\mathbb{T}^n)}$ とする.

さらに, $k \in \mathbb{N}_0$ のとき,

$$C^k(\mathbb{T}^n) \equiv C^k(\mathbb{R}^n) \cap L^\infty(\mathbb{T}^n) \tag{5.3}$$

と定め, ノルムは $\|f\|_{C^k(\mathbb{T}^n)} \equiv \sum_{\alpha \in \mathbb{N}_0{}^n, |\alpha| \leq k} \|\partial^\alpha f\|_{C(\mathbb{T}^n)}$ で与える.

表記を簡単にするために, $n = 1$ としてしばらく考えよう.

定理 5.2 **チェザロ平均**

$f \in C(\mathbb{T})$ のとき,

$$c_m = \frac{1}{2\pi} \int_0^{2\pi} f(x) e^{-imx} \, dx \quad (m \in \mathbb{Z})$$

とおくと,

$$f(x) = \lim_{n \to \infty} \frac{1}{n+1} \sum_{k=0}^n \left(\sum_{m=-k}^k c_m e^{imx} \right)$$

が一様収束の意味で成り立つ.

[証明] 部分和を積分核の言葉で書き表すと,

$$\frac{1}{n+1} \sum_{k=0}^n \left(\sum_{m=-k}^k c_m e^{imx} \right)$$
$$= \int_0^{2\pi} \sum_{k=0}^n \frac{\sin\left[\dfrac{2k+1}{2}(x-y)\right]}{4\pi(n+1)\sin\left(\dfrac{x-y}{2}\right)} f(y) \, dy$$

となる. $x \in \mathbb{R}$ のとき

$$\sum_{k=0}^{n}\sin\left(\frac{2k+1}{2}x\right)\sin\frac{x}{2}=\sin^{2}\left(\frac{n+1}{2}x\right)$$

であるから，

$$\sum_{k=0}^{n}\left(\sum_{m=-k}^{k}c_{m}e^{imx}\right)=\frac{1}{4\pi}\int_{0}^{2\pi}\frac{\sin^{2}\left[\dfrac{n+1}{2}(x-y)\right]}{\sin^{2}\left(\dfrac{x-y}{2}\right)}f(y)\,dy$$

となる．

特に，$f\equiv 1$ のときはそれに対応する c_m が $c_m=\delta_{m,0}$ で与えられるから，

$$\frac{1}{2\pi}\int_{0}^{2\pi}\frac{\sin^{2}\left[\dfrac{n+1}{2}(x-y)\right]}{2(n+1)\sin^{2}\left(\dfrac{x-y}{2}\right)}\,dy=1$$

を意味している．したがって，変数変換を用いて

$$\left|\frac{1}{n+1}\sum_{k=0}^{n}\left(\sum_{m=-k}^{k}c_{m}e^{imx}\right)-f(x)\right|$$
$$=\left|\int_{0}^{2\pi}\frac{(f(x+y)-f(x))\sin^{2}\left(\dfrac{n+1}{2}y\right)}{4\pi(n+1)\sin^{2}\dfrac{y}{2}}\,dy\right|$$

が得られる．$\delta\in(0,1)$ を固定する．

$$\omega(f;\delta)\equiv\sup_{\substack{x,y\in\mathbb{R}\\|x-y|<\delta}}|f(x+y)-f(x)|$$

と書く．すると，

$$\sup_{x\in\mathbb{R}}\left|\frac{1}{n+1}\sum_{k=0}^{n}\left(\sum_{m=-k}^{k}c_m e^{imx}\right)-f(x)\right|$$

$$\leq \omega(f;\delta)\left|\int_0^{2\pi}\frac{\sin^2\left(\frac{n+1}{2}y\right)\,dy}{4\pi(n+1)\sin^2\frac{y}{2}}\right|$$

$$+\frac{1}{\pi}\sup_{y\in\mathbb{R}}|f(y)|\left|\int_\delta^{2\pi-\delta}\frac{\sin^2\left(\frac{n+1}{2}y\right)}{2(n+1)\sin^2\frac{y}{2}}\,dy\right|$$

$$\leq \omega(f;\delta)+\left(\sin\frac{\delta}{2}\right)^{-2}\frac{2}{n+1}\sup_{y\in\mathbb{R}}|f(y)|$$

が得られる. よって, $n\to\infty$ として,

$$\limsup_{n\to\infty}\left(\sup_{x\in\mathbb{R}}\left|\sum_{k=0}^{n}\left(\sum_{m=-k}^{k}\frac{c_m}{n+1}e^{imx}\right)-f(x)\right|\right)\leq \omega(f;\delta)$$

が得られる. $\delta\downarrow 0$ とすれば,

$$0\leq \limsup_{n\to\infty}\left(\sup_{x\in\mathbb{R}}\left|\sum_{k=0}^{n}\left(\sum_{m=-k}^{k}\frac{c_m}{n+1}e^{imx}\right)-f(x)\right|\right)\leq 0$$

となる. つまり,

$$\lim_{n\to\infty}\left(\sup_{x\in\mathbb{R}}\left|\frac{1}{n+1}\sum_{k=0}^{n}\left(\sum_{m=-k}^{k}c_m e^{imx}\right)-f(x)\right|\right)=0$$

が得られた. □

系 5.3 三角多項式の $C(\mathbb{T})$ における稠密性

三角多項式は $C(\mathbb{T})$ で稠密である. つまり, 任意の周期 2π の関数は三角多項式によって一様近似できる.

多変数の場合も変数ごとに一様近似して次の系も得られる.

系 5.4 　三角多項式の $C(\mathbb{T}^n)$ における稠密性

三角多項式は $C(\mathbb{T}^n)$ で稠密である．

命題 5.5

$1 \leq p < \infty$ のとき，三角多項式全体のなす集合は $L^p(\mathbb{T}^n)$ で稠密である．

[証明] 三角多項式全体のなす集合は $C(\mathbb{T}^n)$ で稠密であるからである．　□

以上の準備をもとにしてパーセバルの公式を考察しよう．まずは，公式の意味を理解するために，実多項式 $(A_1+A_2+\cdots+A_N)^2$ の展開公式

$$(A_1 + A_2 + \cdots + A_N)^2$$
$$= A_1{}^2 + A_2{}^2 + \cdots + A_N{}^2$$
$$+ 2A_1A_2 + 2A_1A_3 + \cdots + 2A_{N-1}A_N$$

もしくはその複素版

$$|A_1 + A_2 + \cdots + A_N|^2$$
$$= |A_1|^2 + |A_2|^2 + \cdots + |A_N|^2 + A_1\overline{A_2} + \overline{A_1}A_2$$
$$+ A_1\overline{A_3} + \overline{A_1}A_3 + \cdots + A_{N-1}\overline{A_N} + \overline{A_{N-1}}A_n$$

を思い出そう．$A_0, A_1, A_2, \ldots, A_N, B_1, B_2, \ldots, B_N$ を複素定数とするとき，

$$\int_0^{2\pi} \left| \sum_{j=0}^{N} A_j \cos jx + \sum_{j=1}^{N} B_j \sin jx \right|^2 dx$$
$$= 2\pi |A_0|^2 + \pi \sum_{j=1}^{N} (|A_j|^2 + |B_j|^2)$$

が成り立つ．同様に，$c_{-N}, c_{-N+1}, \ldots, c_1, c_2, \ldots, c_N$ を複素定数とするとき，

$$\int_0^{2\pi} \left| \sum_{j=-N}^{N} c_j e^{ijx} \right|^2 dx = 2\pi \sum_{j=-N}^{N} |c_j|^2 \tag{5.4}$$

が成り立つ．ここで，$1, \cos x, \sin x, \cos 2x, \sin 2x, \ldots$ が直交系であるから，複素数を係数とする三角級数 $f(x) = \dfrac{1}{2} a_0 + \sum_{j=1}^{\infty} (a_j \cos jx + b_j \sin jx)$ について，形式的に

$$\frac{1}{\pi} \int_0^{2\pi} |f(x)|^2 dx = \frac{1}{4\pi} \int_0^{2\pi} |a_0|^2 dx$$
$$+ \sum_{j=1}^{\infty} \frac{1}{\pi} \int_0^{2\pi} \left(|a_j|^2 \cos^2 jx + |b_j|^2 \sin^2 jx \right) dx$$

となる．ここで，$j \in \mathbb{N}$ のとき，

$$\frac{1}{\pi} \int_0^{2\pi} \cos^2 jx \, dx = \frac{1}{\pi} \int_0^{2\pi} \sin^2 jx \, dx = 1$$

より，

$$\frac{1}{\pi} \int_0^{2\pi} |f(x)|^2 dx = \frac{1}{2} |a_0|^2 + \sum_{j=1}^{\infty} (|a_j|^2 + |b_j|^2) \tag{5.5}$$

が得られる．この等式をパーセバルの公式という．要約すると，実多項式 $(A_1 + A_2 + \cdots + A_N)^2$ の展開公式

$$(A_1 + A_2 + \cdots + A_N)^2 = A_1^2 + A_2^2 + \cdots + A_N^2$$

は間違いであるが，積分して得られた (5.5) は成り立つ．同様な考察は $\{e^{im\cdot}\}_{m \in \mathbb{Z}}$ についてもあてはまる．

解析学においては，$N \to \infty$ とする極限操作ができるかどうかは慎重に議論しないといけないし，本書でそれを何度も見てきたが，次の定理はそれができることを主張している．

定理 5.6　パーセバルの定理

$f \in L^2(\mathbb{T})$ に対して,

$$c_j = \frac{1}{2\pi} \int_0^{2\pi} f(y) e^{-ijy} \, dy \quad (j \in \mathbb{Z})$$

とおくと, そのフーリエ級数展開

$$f(x) = \sum_{j=-\infty}^{\infty} c_j e^{ijx} \tag{5.6}$$

は $L^2(\mathbb{T})$-収束している. つまり,

$$\int_0^{2\pi} \left| f(x) - \sum_{j=-N}^{N} c_j e^{ijx} \right|^2 dx \to 0 \quad (N \to \infty)$$

が成り立つ. 特に,

$$\int_0^{2\pi} |f(x)|^2 \, dx = 2\pi \sum_{j=-\infty}^{\infty} |c_j|^2 \tag{5.7}$$

が成り立つ.

[証明]　$f \in L^2(\mathbb{T})$ とすると,

$$\int_0^{2\pi} \left| f(x) - \sum_{m=-N}^{N} c_m e^{imx} \right|^2 dx$$

$$= \|f\|_{L^2(\mathbb{T})}^2 - \int_0^{2\pi} \left(\sum_{m=-N}^{N} \overline{c_m} e^{-imx} f(x) \right) dx$$

$$- \int_0^{2\pi} \left(\sum_{m=-N}^{N} c_m \overline{e^{-imx} f(x)} \right) dx + \int_0^{2\pi} \left| \sum_{m=-N}^{N} c_m e^{imx} \right|^2 dx$$

$$= \|f\|_{L^2(\mathbb{T})}^2 - 2\pi \sum_{m=-N}^{N} |c_m|^2$$

である. 要約すると,

$$\int_0^{2\pi} \left| f(x) - \sum_{m=-N}^{N} c_m e^{imx} \right|^2 dx = \|f\|_{L^2(\mathbb{T})}^2 - 2\pi \sum_{m=-N}^{N} |c_m|^2 \tag{5.8}$$

となる．$f \in L^2(\mathbb{T})$ と $\varepsilon > 0$ が与えられると，命題 5.5 より三角多項式 P が存在して，$\|f - P\|_{L^2(\mathbb{T})} \leq \varepsilon$ となる．N が P の次数より大きいならば，$m \in \mathbb{Z}$ について，

$$c_m(f - P) = \frac{1}{2\pi} \int_0^{2\pi} (f(y) - P(y)) e^{-imy} dy$$

とおくことで，f の代わりに $f - P$ を代入した (5.8) から

$$\int_0^{2\pi} \left| f(x) - \sum_{m=-N}^{N} c_m e^{imx} \right|^2 dx$$
$$= \int_0^{2\pi} \left| (f(x) - P(x)) - \sum_{m=-N}^{N} c_m(f - P) e^{imx} \right|^2 dx$$
$$\leq \frac{1}{2\pi} \int_0^{2\pi} |f(x) - P(x)|^2 dx \leq \frac{\varepsilon^2}{2\pi}$$

となる．よって，$\left\| f - \sum_{m=-N}^{N} c_m e^{im\cdot} \right\|_{L^2(\mathbb{T})} \leq \varepsilon$ である． □

証明方法を精査すればこの定理は多次元に拡張されるが，証明は省略する．カールソンの大定理として知られる次の定理は多次元では未解決問題である．

定理 5.7　カールソンの大定理

$f \in L^2(\mathbb{T})$ に対して，そのフーリエ級数展開

$$f(x) = \sum_{n=-\infty}^{\infty} c_n(f) e^{inx} \tag{5.9}$$

は，ほとんどすべての x に対して収束している．

問題 5.1　ワーティンガーの不等式

周期 2π の C^1-級関数 f が与えられたとする．

(1) $f(x) = \displaystyle\sum_{n=-\infty}^{\infty} c_n e^{inx}$ とフーリエ級数展開する．f' のフーリエ係数 $c_n(f') = \dfrac{1}{2\pi}\displaystyle\int_0^{2\pi} f'(x)e^{-inx}\,dx$ を求めよ．

(2) $\{c_n\}_{n=-\infty}^{\infty}$ を用いて，$\|f\|_{L^2(\mathbb{T})}$ と $\|f'\|_{L^2(\mathbb{T})}$ を表せ．

(3) $m = 0, \pm 1$ に対して $\displaystyle\int_0^{2\pi} f(x)e^{imx}\,dx = 0$ を満たしていると仮定して，$\|f\|_{L^2(\mathbb{T})} \leq \dfrac{1}{2}\|f'\|_{L^2(\mathbb{T})}$ を示せ．

(4) (3) の不等式の等号が成立する関数を特定せよ．

5.2　2乗可積分関数のフーリエ変換

フーリエ変換の定義式

フーリエ級数の場合はもっぱら $n = 1$ の場合を考えたが，フーリエ変換の場合は初めから n 次元ユークリッド空間を考える．

$f \in L^1(\mathbb{R}^n)$, $g \in L^1(\mathbb{R}^n)$ のときはヤングの不等式により，$f * g \in L^1(\mathbb{R}^n)$ となることに注意する．

定理 5.8　たたみ込みとフーリエ変換の関係

$f, g \in L^1(\mathbb{R}^n)$ のとき $\mathcal{F}[f * g](\xi) = \sqrt{(2\pi)^n}\mathcal{F}f(\xi)\mathcal{F}g(\xi)$ となる．

[証明]　2重積分に現れる関数 $f(x-y)g(y)e^{-ix\xi}$ は x, y に関して可積分である．実際フビニの定理より

$$\iint_{\mathbb{R}^n \times \mathbb{R}^n} |f(x-y)g(y)e^{-ix\xi}|\, dx\, dy$$
$$= \int_{\mathbb{R}^n} \left(\int_{\mathbb{R}^n} |f(x-y)g(y)|\, dx \right) dy$$
$$= \left(\int_{\mathbb{R}^n} |f(x)|\, dx \right) \left(\int_{\mathbb{R}^n} |g(y)|\, dy \right)$$
$$< \infty$$

だから，フビニの定理により積分順序を交換できる．したがって，

$$\mathcal{F}[f*g](\xi) = \frac{1}{\sqrt{(2\pi)^n}} \int_{\mathbb{R}^n} \left(\int_{\mathbb{R}^n} f(x-y)g(y)\, dy \right) e^{-ix\xi}\, dx$$
$$= \frac{1}{\sqrt{(2\pi)^n}} \int_{\mathbb{R}^n} g(y) \left(\int_{\mathbb{R}^n} f(x-y)e^{-ix\xi}\, dx \right) dy$$
$$= \int_{\mathbb{R}^n} g(y)e^{-i\xi y}\mathcal{F}f(\xi)\, dy$$
$$= \sqrt{(2\pi)^n}\mathcal{F}f(\xi)\mathcal{F}g(\xi)$$

となる． □

次にフーリエ逆変換の考察へ移る．次の公式がフーリエ逆変換のカギとなる．

定理 5.9　フーリエ変換の基本公式

$\varphi, \psi \in C_c^\infty(\mathbb{R}^n)$ に対して

$$\int_{\mathbb{R}^n} \varphi(x)\mathcal{F}\psi(x)\, dx = \int_{\mathbb{R}^n} \mathcal{F}\varphi(\xi)\psi(\xi)\, d\xi \tag{5.10}$$

が成り立つ．

[証明]　両辺を書き下せば，$\dfrac{1}{\sqrt{(2\pi)^n}} \displaystyle\int_{\mathbb{R}^n} \left(\int_{\mathbb{R}^n} \varphi(x)\psi(\xi)e^{-ix\cdot\xi}\, dx \right) d\xi$
に一致することがフビニの定理によってわかる． □

定理 5.9 を用いて $\mathcal{F}$ と $\mathcal{F}^{-1}$ は互いに逆変換であることを示そう．$\varphi \in C_c^\infty(\mathbb{R}^n)$ ならば部分積分より $\mathcal{F}\varphi, \mathcal{F}^{-1}\varphi \in L^1(\mathbb{R}^n)$ となる．

定理 5.10 **フーリエ変換の逆公式**

$\mathcal{F}^{-1}[\mathcal{F}\varphi] = \mathcal{F}[\mathcal{F}^{-1}\varphi] = \varphi$ がすべての $\varphi \in C_c^\infty(\mathbb{R}^n)$ に対して成り立つ．

[証明] $\mathcal{F}[\mathcal{F}^{-1}\varphi] = \varphi$ の証明も同じだから，$\mathcal{F}^{-1}[\mathcal{F}\varphi] = \varphi$ のみ証明する．$E(x) \equiv \exp\left(-\frac{1}{2}|x|^2\right)$, $E_t(x) \equiv E(tx)$ とおく．このとき，定理 5.9 によって

$$\int_{\mathbb{R}^n} \mathcal{F}E_t(\xi)\varphi(\xi)\,d\xi = \int_{\mathbb{R}^n} \mathcal{F}\varphi(x)E_t(x)\,dx \tag{5.11}$$

である．ガウス核 $E(x) \equiv \exp\left(-\frac{|x|^2}{2}\right)$ のフーリエ変換は，やはりガウス核 E だから，変数変換を行って

$$\mathcal{F}E_t(\xi) = \frac{1}{\sqrt{(2\pi)^n}} t^{-n} E\left(\frac{\xi}{t}\right)$$

である．これを (5.11) に代入すると

$$\frac{1}{\sqrt{(2\pi)^n} \cdot t^n} \int_{\mathbb{R}^n} E\left(\frac{\xi}{t}\right) \varphi(\xi)\,d\xi = \int_{\mathbb{R}^n} \mathcal{F}\varphi(x)E(tx)\,dx$$

が得られる．そこで，$\varphi(0)$ を引いて

$$\frac{1}{\sqrt{(2\pi)^n}} \int_{\mathbb{R}^n} t^{-n} E\left(\frac{\xi}{t}\right) \varphi(\xi)\,d\xi - \varphi(0)$$
$$= \frac{1}{\sqrt{(2\pi)^n}} \int_{\mathbb{R}^n} t^{-n} E\left(\frac{\xi}{t}\right) (\varphi(\xi) - \varphi(0))\,d\xi$$
$$= \frac{1}{\sqrt{(2\pi)^n}} \int_{\mathbb{R}^n} E(\xi)(\varphi(t\xi) - \varphi(0))\,d\xi$$

を考察する．ルベーグの収束定理により $t \downarrow 0$ のときこれは 0 に収束する．したがって，

$$\varphi(0) = \frac{1}{\sqrt{(2\pi)^n}} \int_{\mathbb{R}^n} \mathcal{F}\varphi(\xi)\,d\xi \tag{5.12}$$

が得られる．(5.12) は $x=0$ に対する逆変換の公式である．あとは変数変換をするのみである．□

フーリエ解析の基本公式の1つである次のプランシュレルの定理を示そう．

以後，$f \in L^2(\mathbb{R}^n) \cap L^1(\mathbb{R}^n)$ のフーリエ変換を考察する．$L^2(\mathbb{R}^n)$ には複素内積がそなわっているので，共役との関係が重要である．

補題 5.11

可積分関数 $g \in L^1(\mathbb{R}^n)$ の複素共役を $\overline{g}(x) = \overline{g(x)}$ と定義する．このとき，$\overline{g}$ も可積分で，$\mathcal{F}[\overline{g}](\xi) = \overline{\mathcal{F}g(-\xi)}$ となる．

[証明] $\|\overline{g}\|_1 = \|g\|_1$ だから，$\overline{g}$ も可積分である．また，

$$\mathcal{F}[\overline{g}](\xi) = \frac{1}{\sqrt{(2\pi)^n}} \int_{-\infty}^{\infty} \overline{g(x)} e^{-ix\xi}\,dx$$
$$= \frac{1}{\sqrt{(2\pi)^n}} \overline{\int_{-\infty}^{\infty} g(x) e^{ix\xi}\,dx}$$
$$= \overline{\mathcal{F}g(-\xi)}$$

となる．□

定理 5.12 **プランシュレルの定理**

$\varphi, \psi \in C_c^\infty(\mathbb{R}^n)$ とするとき，

$$\int_{\mathbb{R}^n} \mathcal{F}\varphi(x) \overline{\mathcal{F}\psi(x)}\,dx = \int_{\mathbb{R}^n} \varphi(x) \overline{\psi(x)}\,dx \tag{5.13}$$

が成り立つ．

[証明] (5.13) の右辺の ψ に $\overline{\mathcal{F}\psi}$ を代入する．フーリエ変換と共役をとる操作は

$$\mathcal{F}[\overline{\mathcal{F}\psi}] = \mathcal{F}\mathcal{F}^{-1}[\overline{\psi}] = \overline{\psi} \tag{5.14}$$

で関係付けられる．定理 5.9 と (5.14) より (5.13) は明らかである． □

この等式により次のことが示される．証明は標準的なので省略する．

定理 5.13　$L^2(\mathbb{R}^n)$-関数に対するフーリエ変換

$f \in L^2(\mathbb{R}^n)$, $\{f_j\}_{j=1}^{\infty} \subset C_c^{\infty}(\mathbb{R}^n)$ が $L^2(\mathbb{R}^n)$ の位相で f に収束するとする．つまり，$\lim_{j\to\infty} \|f_j - f\|_2 = 0$ が成り立つとする．このとき，$g \in L^2(\mathbb{R}^n)$ が存在して，$\lim_{j\to\infty} \|g - \mathcal{F}f_j\|_2 = 0$ が成り立つ．この g は $f_j \to f$ となる $\{f_j\}_{j=1}^{\infty} \subset C_c^{\infty}(\mathbb{R}^n)$ のとり方によらない．

この定理の g もやはり $\mathcal{F}f$ と書き表す．$\mathcal{F}^{-1}f$ も類似の方法で定義する．

問題 5.2

$f \in L^2(\mathbb{R}^n)$ について，$g(\xi) \equiv (1 + |\xi|)^n \mathcal{F}f(\xi)$ が $\xi \in \mathbb{R}^n$ の 2 乗可積分関数ならば，$f \in L^{\infty}(\mathbb{R}^n)$ を示せ．

問題 5.3

実数 t に対して，$I(t) = \int_{-\infty}^{\infty} e^{itx - x^2} dx$ とおく．

(1) $I(0)$ を求めよ．

(2) 任意の実数 $t > 0$ について，$I(t)$ を求めよ．必要ならば，ルベーグの収束定理を用いること．

問題 5.4

(1) 無限積分 $I(x) = \displaystyle\int_0^\infty e^{-tx}\,dt$ を正の実数 x に対して計算せよ．

(2) ディリクレ積分 $J = \displaystyle\lim_{L\to\infty}\int_{L^{-1}}^L \frac{\sin x}{x}\,dx$ を計算せよ．

5.3 章末問題

章末問題 5.1

$f \in C^1(\mathbb{R}) \cap L^2(\mathbb{R})$ と $t > 0$ に対して，

$$I_t(f) = \frac{1}{t^2} \int_{\mathbb{R}} |f(x+t) - f(x)|^2 \, dx$$

とおく．

(1) $f' \in L^2(\mathbb{R})$ と仮定して，$\lim_{t \downarrow 0} I_t(f) = \|f'\|_2^2$ を示せ．

(2) 逆に，$\sup_{t>0} I_t(f) < \infty$ ならば，$f' \in L^2(\mathbb{R})$ を示せ．

章末問題 5.2

数列 a_m を

$$a_m = \sqrt{m} \int_0^{2\pi} \left(\frac{1 + \cos x}{2} \right)^m dx$$

と定める．

(1) 不等式 $\cos \theta \leq 1 - \dfrac{\theta^2}{100}, 0 \leq \theta \leq \dfrac{\pi}{4}$ を用いて，

$$\chi_{\left(0, \frac{\sqrt{m}\pi}{4}\right)}(|y|) \cos^{2m}\left(\frac{y}{\sqrt{m}}\right) \leq \exp\left(-\frac{y^2}{200}\right)$$

を証明せよ．

(2) $a_m = \displaystyle\int_0^{\sqrt{m}\pi} \cos^{2m}\left(\frac{y}{2\sqrt{m}}\right) dy$ を証明せよ．

(3) $\displaystyle\lim_{m \to \infty} a_m = 2 \lim_{m \to \infty} \int_0^{\frac{\sqrt{m}\pi}{4}} \cos^{2m}\left(\frac{y}{\sqrt{m}}\right) dy$ を証明せよ．

(4) $\displaystyle\lim_{m \to \infty} a_m = 2\sqrt{\pi}$ を証明せよ．

付　録

数式の読みかた

　ここでは，本書に登場する数式の，日本国内と英語圏における一般的な読みかたの一例を示した．また，必要に応じてその数式の意味も補った．

対応は次のとおりである．
(a)　日本国内での一般的な数式の読みかた
(b)　英語圏での一般的な数式の読みかた
(c)　その数式の意味

1. $f(A)$
   (a) エフエー
   (b) f of A

2. $f^{-1}(A)$
   (a) エフインバースエー
   (b) f inverse of A

3. a.e.
   (a) オールモースト　エブリーウェアー
   (b) almost everywhere

4. $f_n(x) \geq f_{n+1}(x)$
   (a) エフエヌエックス　大なりイコール　エフエヌプラス1エックス
   (b) f sub n of x is greater than or equal to f sub n plus 1 of x
   (c) 減少列関数，単調減少関数とは違う．

5. $f(x) = c_1 \chi_{A_1}(x) + c_2 \chi_{A_2}(x) + \cdots + c_N \chi_{A_N}(x)$
   (a) エフエックス　イコール
       シー1　カイエー1エックス
       プラス　シー2　カイエー2エックス
       プラス　シーエヌ　カイエーエヌエックス
   (b) f of x equals
       c sub 1 times the indicator function of A sub 1 of x plus
       c sub 2 times the indicator function of A sub 2 of x plus
       dot dot dot plus
       c sub N times the indicator function of A sub N of x

6. $g = \sum_{i=1}^{k} a_i \chi_{A_i}$
   (a) ジー　イコール　シグマ　アイイコール1からケー　エーアイ　カイエーアイ
   (b) g equals summation i runs from 1 to k of a sub i times the indicator function of A sub i
   (c) 特性関数の表示

7. $\lim_{t \to t_0} \int_a^b f(x, t)\, dx = \int_a^b \lim_{t \to t_0} f(x, t)\, dx$
   (a) リミット　ティー近づくティーゼロ
       インテグラルエーからビー　エフエックスティー　ディーエックス

イコール
インテグラルエーからビー　リミット　ティー近づくティーゼロ
エフエックスティー　ディーエックス

(b) limit as t goes to t naught of integral from a to b of f of $x\,t\,d\,x$ equals integral from a to b of limit as t goes to t naught of f of $x\,t\,d\,x$

8. $\int_A f^+(x)\,dx$
   (a) インテグラル　エー　エフプラスエックス　ディーエックス
   (b) integral over A of f plus of $x\,d\,x$

9. $|f|$
   (a) 絶対値エフ
   (b) the absolute value of f

10. $\emptyset \in \mathcal{L}$
    (a) 空集合　属する　エル
    (b) empty set belongs to L

11. $\bigcup_{j=1}^{\infty} A_j \in \mathcal{L}$
    (a) ユニオン　ジェーイコール 1 から無限大　エージェー　属する　エル
    (b) the union from j equals 1 to infinity of A sub j belongs to L

12. $\sum_{j=1}^{\infty} A_j$
    (a) シグマ　ジェーイコール 1 から無限大　エージェー
    (b) the summation from j equals 1 to infinity of A sub j

13. $\sigma(\mathcal{D})$
    (a) シグマディー
    (b) sigma of D

14. $\{\emptyset, \{a\}, \{b\}, \{a,b\}\}$
    (a) 集合　空集合，集合エー，集合ビー，集合エービー
    (b) the set of the empty set, the set of a, the set of b, and the set of $a\,b$

15. 2^Ω
    (a) 2 のオメガ乗
    (b) 2 to the omega

16. $L^p(\mu)$
    (a) エル　ピー　ミュー
    (b) i. L p mu
        ii. L-p space over mu

17. L^p, L_p
    (a) エルピー
    (b) i. L p
        ii. L-p space
        iii. Lebesgue space L p

18. ℓ^p, ℓ_p
    (a) i. エルピー
        ii. リトルエルピー
    (b) i. l p
        ii. little l p

19. $L^p_{\mathrm{loc}}(\Omega)$
    (a) エルピーローカルオメガ
    (b) i. L p loc of omega
        ii. locally p-th integrable functions over omega

20. p'
    (a) i. p ダッシュ
        ii. p の共役指数
    (b) i. conjugate of p
        ii. p prime

21. $L^2(a,b)$
    (a) i. エルツー　エービー
        ii. エルツー　開区間エービー
    (b) i. L 2 a b
        ii. L 2 open interval a b

22. $L^p(\Omega;\mu), L_{p,\Omega;\mu}$
    (a) エルピーオメガミュー
    (b) i. L p omega mu
        ii. L p over omega mu

23. $\mu\left(\sum_{j\in \mathbf{N}} A_j\right) = \sum_{j\in \mathbf{N}} \mu(A_j)$
    (a) ミュー　シグマ　ジェー属するエヌ　エージェー
    イコール
    シグマ　ジェー属するエヌ　ミューエージェー
    (b) mu of the sum over j belonging to N A sub j equals the sum over j belonging to N of mu of A sub j

24. $m^*(A)$
    (a) エムスターエー
    (b) i. m super star of A
        ii. Lebesgue outer measure of A

25. $m^*(F) = m^*(E^c \cap F) + m^*(E \cap F)$
    (a) エムスターエフ　イコール
    エムスターイーシーかつエフ
    プラス　エムスターイーかつエフ
    (b) m super star of F equals
    m super star of the intersection of E super c and F plus m super star of the intersection of E and F

26. $(X, \mathcal{M}, \mu)$
    (a) エックスエムミュー
    (b) the triple X, M, mu
    が成り立つという．

27. $\mu\{f > \lambda\}$
    (a) ミュー　集合　エフ大なりラムダ
    (b) mu of the set f greater than lambda

28. $\mu \otimes \nu$
    (a) ミュー　テンソル　ニュー
    (b) i. mu times nu
        ii. tensor product of mu and nu

29. $\mathrm{supp}(\mu)$
    (a) サポートミュー
    (b) i. support mu
        ii. support of mu

30. $\mu_1 \otimes \mu_2 \otimes \cdots \otimes \mu_n$
    (a) ミュー1　テンソル　ミュー2　テンソル　テンソル　ミューエヌ
    (b) i. mu sub 1 times mu sub 2 times dot dot dot times mu sub n
        ii. tensor product of mu sub 1, mu sub 2, and so on up to mu sub n

31. $\nu \ll \mu$
    (a) i. ニューはミューに関して絶対連続
        ii. ニュー　絶対連続　ミュー

32. $C_c(X)$
    (a) シーシーエックス
    (b) C compact X, C c X

問題の解答

第 1 章

問題 1.1：$[a,b]$ の外測度は $b-a$ で，残りの区間は $[a,b]$ に含まれるのでどの量も最低限 $b-a$ 以下である．しかし，どの区間も
$$\left[a+\frac{b-a}{2j}, b-\frac{b-a}{2j}\right]$$
を含んでいるから，$j=1,2,\ldots$ について，
$$m^*((a,b]), m^*([a,b)), m^*((a,b)) \geq b-a-\frac{b-a}{j}$$
が成り立つ．したがって，
$$b-a \geq \begin{cases} m^*((a,b]) = \lim_{j\to\infty} m^*([a+(b-a)j^{-1}, b]) \\ m^*([a,b)) = \lim_{j\to\infty} m^*([a, b-(b-a)j^{-1}]) \\ m^*((a,b)) = \lim_{j\to\infty} m^*\left(\left[a+\frac{b-a}{2j}, b-\frac{b-a}{2j}\right]\right) \end{cases}$$
$$\geq \lim_{j\to\infty}\left(b-a-\frac{b-a}{j}\right) = b-a$$
が得られる．以上より，
$$m^*((a,b]) = m^*([a,b)) = m^*((a,b)) = b-a$$
となる．□

問題 1.2：

(1) 任意の $\varepsilon > 0$ に対して N_k は零集合だから，各自然数 k に対して，
$N_k \subset \bigcup_{j=1}^{\infty} I_{kj}, \sum_{j=1}^{\infty} |I_{kj}| < \dfrac{\varepsilon}{2^k}$ を満たす可算開区間 I_{kj} が存在する．

これから，$\bigcup_{k=1}^{\infty} N_k \subset \bigcup_{k=1}^{\infty} \bigcup_{j=1}^{\infty} I_{kj}$ であり，この右辺は可算個の開区間の和集合である．また，k について足すと，$\sum_{k=1}^{\infty} \sum_{j=1}^{\infty} |I_{kj}| < \sum_{k=1}^{\infty} 2^{-k} \varepsilon = \varepsilon$ であるから，$\bigcup_{k=1}^{\infty} N_k$ も零集合である．

(2) $x \in [0,1]$ に対して，$N_x = \{x\}$，つまり，1 点 x からなる集合とする．$\Lambda = [0,1]$ (閉区間) とすると，N_x は零集合であるが，$\bigcup_{x \in \Lambda} N_x = [0,1]$ となり，零集合ではない．□

問題 1.3： $E_j = \mathbb{R}$ とおけば確かに与えられている条件を両立している．

問題 1.4：

(1) 全部ルベーグ可測である．実際，$[0,1)$ がルベーグ可測なのは $[0,1) \in \mathcal{R}$ だからである．$[0,1]$ と $(0,1)$ はそれぞれ閉集合，開集合だからルベーグ可測である．また，
$$(0,1] = \left(\bigcup_{n=1}^{\infty} [n^{-1}, 2) \right) \cap \left(\bigcap_{n=1}^{\infty} [0, 1 + n^{-1}) \right)$$
となるから，$(0,1]$ もルベーグ可測集合である．命題 1.15, 1.16 を参照のこと．

(2) (C) が正しくなるためには，Λ が可算集合であることが必要である．実際に，(C) は Λ が可算集合ではない限り正しくない．たとえば，Λ をルベーグ非可測集合として，$\lambda \in \Lambda$ に対して $E_\lambda = \{\lambda\}$ とすれば，各 E_λ は非可測集合であるが，$\Lambda = \bigcup_{\lambda \in \Lambda} E_\lambda$ はルベーグ可測でない．
(A),(B),(D) が正しいことに関しては命題 1.15, 1.16 を参照のこと．
(E) は定義 1.11 に戻ると正しいとわかる．

(3) (A) すべての部分集合に対して定義される．定義 1.6 を参照のこと．
(B) ルベーグ可測集合，定義 1.11(3) を参照のこと．

問題 1.5： すべての問題において外測度が 0 になるので，その結果測度が 0 になる．外測度が 0 になることを示そう．

(1) 命題 1.16(4) と $\{a\}$ が閉集合であることにより，$\{a\}$ は可測で，その外測度と測度の値は一致する．問題 1.1 で考えた $[a,b]$ の $b = a$ の場合を考えて，$m^*(\{a\}) = m(\{a\}) = 0$ が得られる．

(2) (1) より，$0 \leq m^*(\mathbb{N}) \leq \sum_{j=1}^{\infty} m^*(\{j\}) = 0$ となる．つまり，$m^*(\mathbb{N}) = 0$ である．

(3) (1) より，$0 \leq m^*(\mathbb{Q}) \leq \sum_{j=1}^{\infty} m^*(\{q_j\}) = 0$ となる．つまり，$m^*(\mathbb{Q}) = 0$ である．□

問題 **1.6**：
　　(1) $I = 3 \times 1 + 4 \times 3 - 2 \times 5 = 5$
　　(2) 定義になっているものは (B) だけである（補題 1.39 参照）． □

問題 **1.7**：
　　(1) $|\sin\theta| \leq 1, \theta \in \mathbb{R}$ を用いる．
　　(2) $|\sin\theta| \leq |\theta|, \theta \in \mathbb{R}$ を用いる．
　　(3) $\displaystyle\int_0^1 \frac{dx}{\sqrt{x}} = \lim_{n\to\infty} \int_{n^{-1}}^1 \frac{dx}{\sqrt{x}} = 2$
　　(4) $\displaystyle\int_1^\infty \frac{dx}{x^3\sqrt{x}} = \lim_{n\to\infty} \int_1^n \frac{dx}{x^3\sqrt{x}} = \frac{2}{5}$
　　(5) 積分区間を分けて，$\displaystyle\int_0^\infty |f(x)|\,dx \leq \int_0^1 \frac{dx}{\sqrt{x}} + \int_1^\infty \frac{dx}{x^3\sqrt{x}}$ となる．
　　　　(3) と (4) から，f は $(0, \infty)$ でルベーグ可積分である． □

問題 **1.8**：(4) のみが可積分関数である．たとえば，(5) は可積分関数ではない．
　　(4) $\displaystyle\frac{|\sin(x^{-1})|}{\sqrt{x-2}} \leq \frac{1}{x\sqrt{x-2}} \leq \frac{\chi_{(2,3]}(x)}{\sqrt{x-2}} + \frac{\chi_{(3,\infty)}(x)}{\sqrt{(x-2)^3}}$ を使う．
　　(5) $\displaystyle\frac{|\sin(\tan^{-1} x)|}{x-2} \geq \frac{\tan^{-1} 2}{x-2}$ を使う． □

問題 **1.9**：
　　(1) 無限等比級数の公式を用いる．
　　(2) 単調収束定理を用いる．
　　(3) $y = jx$ と変数変換して，$\displaystyle I = \sum_{j=1}^\infty \frac{1}{j^4} \int_0^\infty \frac{y^3}{e^y}\,dy = \sum_{j=1}^\infty \frac{6}{j^4} = \frac{\pi^4}{15}$
　　　　である．ただし，最後の値は 2 つ目の公式による． □

問題 **1.10**：$f_j = \chi_{E_j}, E = \displaystyle\bigcap_{j=1}^\infty E_j$ とおくと，各 f_j は正値可測関数である．したがって，ファトゥの補題が使えて，

$$\liminf_{j\to\infty} \int_{\mathbb{R}^n} f_j(x)\,dx \geq \int_{\mathbb{R}^n} \liminf_{j\to\infty} f_j(x)\,dx$$

が得られる．積分値 $\displaystyle\int_{\mathbb{R}^n} f_j(x)\,dx$ や関数 f_j は j について単調減少だから，$\liminf$ は $\lim$ に入れ替わり

$$\lim_{j\to\infty} \int_{\mathbb{R}^n} f_j(x)\,dx \geq \int_{\mathbb{R}^n} \lim_{j\to\infty} f_j(x)\,dx$$

となる．ここで，$\displaystyle\lim_{j\to\infty} f_j(x) = \chi_E(x)$ である．また，一般に可測集合 F に対して，χ_F を $\mathbb{R}^n$ 上積分すると，F の体積（ルベーグ測度）になるから，今までのことをあわせると問題の不等式が証明できた．

【注意】すべての $m \in \mathbb{N}$ について $|E_m| \geq \left|\displaystyle\bigcap_{j=1}^\infty E_j\right|$ であるから，$m \to \infty$ とすれば問題の不等号が証明できるが，ファトゥの補題の応用としてあえてこのようにして解いた． □

問題 **1.11**：
　　(1) $t^3 e^{-t^2}$

(2) n に関して単調減少であるから極限が存在するが，ファトゥの補題より，$\displaystyle\lim_{n\to\infty}\int_1^\infty t^3\sqrt[n]{e^{t^3-nt^2}}\,dt \geq \int_1^\infty t^3 e^{-t^2}\,dt = \frac{1}{e}$ となる．□

問題 1.12：

(1) $f_n(x) = 3\chi_{\{3\}}(x) + \displaystyle\sum_{k=1}^{2^{n+1}}\left(1+\frac{k-1}{2^n}\right)\chi_{[2^n+k-1,\,2^n+k)}(2^n x)$ より，f_n は単関数である．

(2) $\displaystyle\int_\mathbb{R} f_n(x)\,dx = \sum_{k=1}^{2^{n+1}}\frac{1}{2^n}\left(1+\frac{k-1}{2^n}\right) = -2^{-n}+4$

(3) $a \geq 0$ のとき，$0 \leq 2[a] \leq [2a]$ であるから，$0 \leq f_n(x) \leq f_{n+1}(x)$ である．

(4) $[a] \leq a \leq [a+1]$ であるから，$f_n(x) \to x$ である．

(5) (3) と (4) より単調収束定理が使える状況にある．(2) と単調収束定理によって，積分値が 4 と求まる．□

問題 1.13：

(1) E が零集合であるから，$F = \mathbb{R}\setminus E$ として，
$$\int_\mathbb{R} f(x)\,dx = \int_F f(x)\,dx \tag{5.15}$$
$$\liminf_{m\to\infty}\int_F f_m(x)\,dx = \liminf_{m\to\infty}\int_\mathbb{R} f_m(x)\,dx \tag{5.16}$$
となる．F 上で，$f(x) = \displaystyle\lim_{m\to\infty}f_m(x) = \liminf_{m\to\infty}f_m(x)$ が成り立つから，
$$\int_F f(x)\,dx = \int_F \liminf_{m\to\infty}f_m(x)\,dx \tag{5.17}$$
である．(5.15), (5.16), (5.17) とファトゥの補題をすべて組み合わせると，問題にある式が得られる．

(2) $f_R = \chi_{(-R,R)}f$ とおくと以下が成り立つ．
  (i) $\displaystyle\lim_{R\to\infty}f_R(x) = f(x)$ が各点で成立する．
  (ii) 各点で $0 \leq f_R(x) \leq f_{R'}(x)$，$0 < R < R'$ が成立する．
したがって，単調収束定理が使えて，
$$\text{左辺} = \lim_{R\to\infty}\int_\mathbb{R}f_R(x)\,dx = \int_\mathbb{R}\lim_{R\to\infty}f_R(x)\,dx$$
が得られる．(i) より，結論が得られる．□

問題 1.14：

(1) (B)，　(2) (E)，　(3) (C) と (D) と (E)，
(4) (C) と (E)，　(5) (D) と (E)．

問題 1.15：

$\varphi = (\varphi_1,\varphi_2): \mathbb{N}\to\mathbb{N}\times\mathbb{N}$ を全単射とする．$f_n(x) = \chi_{[0,\varphi_2(n)]}(x-\varphi_1(n))$ と定めると，これは条件に適う．□

問題 1.16：
  (1) $f_j(x) = \max(0, 1 - |x - j|)$ がその一例である．
  (2) ファトゥの補題の結論に現れる両辺が一致しないことがあるので注意を要する．□

問題 1.17：$f_R(x) = \chi_{(-R,R)}(x)f(x), R > 0$ とおく．
  (i) $\lim_{R \to \infty} f_R(x) = f(x)$ が各点で成立する．
  (ii-A) $g(x) = |f(x)|$ とおくと，関数 g は可積分関数である．
  (ii-B) 各点で $|f_R(x)| \leq g(x)$ が成立する．
    したがって，ルベーグの収束定理が使えて，
    $$\lim_{R \to \infty} \int_\mathbb{R} f_R(x)\,dx = \int_\mathbb{R} \lim_{R \to \infty} f_R(x)\,dx$$
    が得られる．$\lim_{R \to \infty} f_R(x) = f(x)$ であるから，結論が得られる．□

問題 1.18：
  (1) $\int_0^\infty g(t)\,dt = \int_0^\infty 2e^{-t}\,dt = 2$ が成り立つ．
  (2) $n \in \mathbb{N}$ と $t \geq 0$ に対して関数 f_n を
    $$f_n(t) = \tan^{-1}\left(\frac{t^2 + n}{n}\right) \sin\left(t + \sin\frac{t^4}{n}\right) e^{-t} \quad (t \in \mathbb{R})$$
    と定義すると，次のことが成り立つ．
    (i) $f(t) = \frac{\pi}{4} e^{-t} \sin t$ とすると，$\lim_{n \to \infty} f_n(t) = f(t)$ が成り立つ．
    (ii) $|f_n(t)| \leq 2g(t)$ が成り立つ．
    (iii) (1) より g は $[0, \infty)$ 上可積分である．
    以上により，ルベーグの収束定理が使えて，
    $$L = \int_0^\infty \frac{\pi}{4} e^{-t} \sin t\,dt = \frac{\pi}{8}$$
    が成り立つ．□

問題 1.19：
  (1) 無限等比級数の公式より，$\int_0^\infty \frac{x^{p-1}\,dx}{e^x - 1} = \int_0^\infty x^{p-1} \sum_{n=1}^\infty \frac{dx}{e^{nx}}$ となる．$x > 0$ のとき，$x^{p-1} \sum_{n=1}^\infty e^{-nx}$ が正だから単調収束定理より，
  $$\int_0^\infty \frac{x^{p-1}\,dx}{e^x - 1} = \sum_{n=1}^\infty \int_0^\infty \frac{x^{p-1}}{e^{nx}}\,dx$$
  である．変数変換 $nx \mapsto x$ とガンマ関数の定義から，$\int_0^\infty \frac{x^{p-1}\,dx}{e^x - 1} = \sum_{n=1}^\infty \frac{\Gamma(p)}{n^p}$ が得られる．

  (2) 無限等比級数の公式より，
  $$\int_0^\infty \frac{\sin(xy)\,dx}{e^x - 1} = \int_0^\infty \sin(xy) \sum_{n=1}^\infty e^{-nx}\,dx$$
  である．$N \in \mathbb{N}$ に対して，

$$\left|\sin(xy)\sum_{n=1}^{N} e^{-nx}\right| \le xy \sum_{n=1}^{\infty} e^{-nx} = \frac{xy}{e^x - 1}$$

で，e^x のテーラー展開より，
$$\int_0^\infty \frac{x\,dx}{e^x - 1} \le \int_0^\infty \min\left(1, \frac{6}{x^2}\right) dx < \infty$$
だから，ルベーグの収束定理が使えて，
$$\int_0^\infty \frac{\sin(xy)}{e^x - 1}\,dx = \sum_{n=1}^{\infty} \int_0^\infty \sin(xy) e^{-nx}\,dx$$
となる．問題にある無限積分を計算すると，右辺の $\dfrac{y}{n^2 + y^2}$ が現れて (2) で示された．□

問題 1.20：$\alpha \ge 1$ の場合，$\log(1+t^\alpha) \le \log(1+t)^\alpha = \alpha \log(1+t) \le \alpha t$ であるから，$n\log\left\{1+\left(\dfrac{f(x)}{n}\right)^\alpha\right\} \le \alpha f(x)$ となる．また，
$$\lim_{n\to\infty} n\log\left\{1+\left(\frac{f(x)}{n}\right)^\alpha\right\} = \begin{cases} f(x) & (\alpha = 1) \\ 0 & (\alpha > 1) \end{cases}$$
である．よって，ルベーグの収束定理が使えて
$$L = \begin{cases} \displaystyle\int_{\mathbb{R}} f(x)\,dx & (\alpha = 1) \\ 0 & (\alpha > 1) \end{cases}$$
となる．$\alpha < 1$ の場合はファトゥの補題により，
$$\liminf_{n\to\infty} n\int_{\mathbb{R}} \log\left\{1+\left(\frac{f(x)}{n}\right)^\alpha\right\} dx$$
$$\ge \int_{\mathbb{R}} \liminf_{n\to\infty} n\log\left\{1+\left(\frac{f(x)}{n}\right)^\alpha\right\} dx = \infty$$
である．よって，$L = \infty$ となる．
【注意】$f(x) > \mu\chi_E(x)$ となる $\mu > 0$ と可測集合 E は存在するが，E を区間としてとれるかどうかはわからない．□

問題 1.21：

(1) 1

(2) 2 通りの解法 (i), (ii) を与える．

(i) $0 \le \dfrac{e^{-2|x|}}{\sqrt[n]{1+x^2}} \uparrow \dfrac{1}{e^{2|x|}}$ だから，単調収束定理が使えて，
$$\lim_{n\to\infty} \int_{-\infty}^{\infty} \frac{e^{-2|x|}\,dx}{\sqrt[n]{1+x^2}} = \int_{-\infty}^{\infty} \frac{dx}{e^{2|x|}} = 1$$
となる．

(ii) $0 \le \dfrac{e^{-2|x|}}{\sqrt[n]{1+x^2}} \to \dfrac{1}{e^{2|x|}}$ かつ $e^{-2|x|}$ は可積分関数だから，ル

ベーグの収束定理が使えて，(i) と同じ結論を得る．□

問題 1.22：$f_\lambda(x) = \dfrac{\lambda f(x)}{\lambda + |x|^2}$ とおく．$\lambda \leq 1$ のとき，$|f_\lambda(x)| \leq \dfrac{1}{1+|x|^2}$ が成り立つ．ここで，$x \in \mathbb{R} \mapsto \dfrac{1}{1+|x|^2} \in \mathbb{R}$ は可積分関数であるから，ルベーグの収束定理によって

$$\lim_{\lambda \downarrow 0} \int_{\mathbb{R} \setminus [-\varepsilon, \varepsilon]} \frac{\lambda f(x)\,dx}{\lambda + |x|^2} = \int_{\mathbb{R} \setminus [-\varepsilon, \varepsilon]} \lim_{\lambda \downarrow 0} \frac{\lambda f(x)\,dx}{\lambda + |x|^2} = 0$$

が得られる．一方，

$$\int_{[-\varepsilon, \varepsilon]} \frac{\lambda |f(x)|\,dx}{\lambda + |x|^2} \leq \pi \sup_{x \in [-\varepsilon, \varepsilon]} |f(x)|$$

となるから，仮定により結論が得られる．□

問題 1.23：任意に $T > 0$ をとり，$(-T, T)$ での関数として f を微分するという方針をとる．$F(x, t) = \chi_{(1,2)}(x) \dfrac{\exp(tx)}{x}$ とすると，次の条件が成り立つ．

(i) $G_T(x) \equiv e^{2T}$ は $(1, 2)$ 上可積分である．
(ii) $|F(x, t)| \leq e^{2T}$ より，$|F(x, t)|$ は x について $(1, 2)$ で可積分である．
(iii) $\partial_t F(x, t) = \chi_{(1,2)}(x) \exp(tx)$ だから，右辺が t によらない不等式 $|\partial_t F(x, t)| \leq G_T(x)$ が成立する．

以上より，$\dfrac{d}{dt} \displaystyle\int_1^2 \dfrac{\exp(tx)}{x}\,dx = \int_1^2 \dfrac{\partial}{\partial t}\left(\dfrac{\exp(tx)}{x}\right) dx$ が成り立つ．つまり，$f'(t) = \displaystyle\int_1^2 \exp(tx)\,dx = \dfrac{e^{2t} - e^t}{t}$ が成り立つ．□

問題 1.24：$\varphi(x, t) = \dfrac{f(x) \log(t + x^2 + 1)}{(x^2 + 1)^2}$，$M = \sup\limits_{x \in \mathbb{R}} |f(x)|$ とおく．（各 t をとめるごとに）$|\varphi(x, t)| \leq \dfrac{|f(x)|\sqrt{2 + x^2}}{(x^2 + 1)^2} \leq \dfrac{\sqrt{2} M}{x^2 + 1}$ より，$\varphi(\cdot, t)$ は可積分である．

$G(x) = (x^2 + 1)^{-1} |f(x)|$ とおくと，

$$\int_{\mathbb{R}} G(x)\,dx \leq M \int_{\mathbb{R}} \frac{dx}{x^2 + 1} = \pi M < \infty$$

だから，$G(x)$ は可積分である．

$|\partial_t \varphi(x, t)| \leq \dfrac{|2x f(x)|}{(x^2 + 1)^2}$ より，$|\partial_t \varphi(x, t)| \leq G(x)$ が成り立つ．

ゆえに，積分と微分の順序を入れ替えられる．実際に入れ替えて計算すると $F'(t) = \displaystyle\int_{\mathbb{R}} \dfrac{2x f(x)\,dx}{(t + x^2 + 1)(x^2 + 1)^2}$ が得られる．$f(x)$ がわからないとこれ以上計算できないので，これが求める計算結果である．□

問題 1.25：

(1) 初めに，$f_R(x, y) = \dfrac{\chi_{\{(x,y)\,:\,x,y \geq 0,\, x^2 + y^2 \leq R^2\}}(x, y)}{e^{\pi x^2 + \pi y^2}}$ とおくと，

(i) $\lim\limits_{R \to \infty} f_R(x, y) = \chi_{\{x, y \geq 0\}}(x, y) e^{-\pi x^2 - \pi y^2}$

(ii) $0 \leq f_R(x,y) \leq f_{R'}(x,y)$ が $0 \leq R < R'$ のときに成り立つ．したがって，単調収束定理より

$$I = \lim_{R \to \infty} \iint_{\{(x,y)\,:\,x,y \geq 0,\,x^2+y^2 \leq R^2\}} \frac{dx\,dy}{e^{\pi x^2 + \pi y^2}}$$

が成り立つ．

(2) (1) を用いてさらに計算する．極座標変換を用いて

$$I = \lim_{R \to \infty} \int_0^{\frac{\pi}{2}} d\theta \int_0^R \frac{r\,dr}{e^{\pi r^2}} = \lim_{R \to \infty} \frac{e^{\pi R^2} - 1}{4e^{\pi R^2}} = \frac{1}{4}$$

となる．一方で，

(i) $\chi_{\{x,y \geq 0\}}(x,y) e^{-\pi x^2 - \pi y^2}$ は正値関数 だから，フビニの定理が使えて

$$I = \int_0^\infty \left(\int_0^\infty e^{-\pi x^2 - \pi y^2}\,dx \right) dy.$$

カッコ内にある x に関係のない定数を出してしまうと，

$$I = \int_0^\infty e^{-\pi y^2} \left(\int_0^\infty e^{-\pi x^2}\,dx \right) dy$$
$$= \int_0^\infty e^{-\pi x^2}\,dx \times \int_0^\infty e^{-\pi y^2}\,dy = \left(\int_0^\infty e^{-\pi x^2}\,dx \right)^2$$

となる．よって，$\int_0^\infty e^{-\pi x^2}\,dx = \sqrt{\lim_{R \to \infty} \frac{1 - e^{-\pi R^2}}{4}} = \frac{1}{2}$ となる． □

問題 1.26：

(1) $|\sin x| \leq 1$ より，$\int_0^\infty |e^{-x} \sin x|\,dx \leq \int_0^\infty \frac{dx}{e^x} = 1$ である．

(2) e^{-x-y} が正値関数であるから，無条件にフビニの定理が使えて，

$$\iint_{[0,\infty)^2} e^{-x-y}\,dx\,dy$$
$$= \int_0^\infty \left(\int_0^\infty \frac{dx}{e^{x+y}} \right) dy = \int_0^\infty e^{-y} \left(\int_0^\infty \frac{dx}{e^x} \right) dy$$
$$= \left(\int_0^\infty \frac{dx}{e^x} \right) \left(\int_0^\infty e^{-y}\,dy \right) = 1 \times 1 = 1 < \infty$$

となる．

(3) $\iint_{[0,\infty)^2} |e^{-x-y} \sin x \cos y|\,dx\,dy \leq \iint_{[0,\infty)^2} \frac{dx\,dy}{e^{x+y}} < +\infty$

だから，フビニの定理が使えて

$$\iint_{[0,\infty)^2} e^{-x-y}\sin x\cos y\,dx\,dy$$
$$=\int_0^\infty\left(\int_0^\infty e^{-x-y}\sin x\cos y\,dx\right)dy$$
$$=\int_0^\infty e^{-y}\cos y\left(\int_0^\infty e^{-x}\sin x\,dx\right)dy$$
$$=\left(\int_0^\infty e^{-x}\sin x\,dx\right)\left(\int_0^\infty e^{-y}\cos y\,dy\right)=\frac{1}{2}\times\frac{1}{2}=\frac{1}{4}$$

となる．□

問題 **1.27**：

(1) $\displaystyle\int_{\mathbb{R}}\frac{dy}{a^2+y^2}=\left[\frac{1}{a}\tan^{-1}\frac{y}{a}\right]_{-\infty}^\infty=\frac{\pi}{|a|}$

(2) $\displaystyle\iint_{\mathbb{R}^2}\frac{dx\,dy}{x^2+y^2}=\int_{\mathbb{R}}\frac{\pi}{|y|}\,dy=\infty$ □

章末問題 1.1：

(1) 省略

(2) 13 枚必要である．F の 2 枚のパネルに 1, 2 と番号を付ける．また，E のパネルに左上が 1，右上が 5 となるように左上から右下に向かって 1 から 25 と番号を付ける．ただし，2 のパネルはないものとする．仮に 12 枚の F で E を覆えたとすると，E と F の偶数，奇数が一致するように覆えるはずであるが，F には 13 枚の偶数のパネルがあるのでこれは不可能である．□

章末問題 1.2：

(1) $f(x)=\displaystyle\sum_{n=1}^\infty(\log n)\chi_{[n,n+n^{-2}]}(x)+e^{-[x]^2}$ が挙げられる．

(2) 関数 $g(x)$ を $x\in(0,1)$ のときに $g(x)=x^{-1}$，それ以外は $g(x)=0$ で定めるとする．$\mathbb{Q}=\{q_1,q_2,\ldots\}$ とおく．$f^*(x)=\displaystyle\sum_{n=1}^\infty\frac{g(x-q_n)}{4^n}$ とすると，任意の開区間 I に対して，$\displaystyle\int_I f^*(x)\,dx=\infty$ となる．一方で，単調収束定理により，

$$\int_{\mathbb{R}}\sqrt{f^*(x)}\,dx\leq\int_{\mathbb{R}}\sum_{n=1}^\infty\sqrt{\frac{g(x-q_n)}{4^n}}\,dx=\sum_{n=1}^\infty 2^{-n+1}=4$$

となるから，$f^*(x)=\infty$ となる点 x 全体は零集合をなす．したがって，$f^*(x)=\infty$ ならば，$f(x)=0$，$f^*(x)<\infty$ ならば，$f(x)=f^*(x)$ と定義することで，条件に適う f が得られる．□

章末問題 1.3：

(1) $\{B(r)\}_{r>0}$ は単調増加である．$|\{|f|>s\}|$ は $s\geq 0$ について単調減少だから g も単調減少である．$r_n\downarrow r$ とすると $S\equiv\displaystyle\sup_{n\in\mathbb{N}}g(r_n)<s$ となる実数 s とすべての自然数 n に対して，$|\{|f|>s\}|\leq|B(r_n)|$,

$B(r_n) \to B(r)$ より，$g(r) \leq S$ だから g は右連続である．

(2) $s > 0$ に対して，$R = \sup\{r \geq 0 : g(r) > s\}$ とおく．R より小さい任意の r に対して，$g(r) > s$ だから，$|\{|f| > s\}| > |B(r)|$ となる．よって，$|B(R)| \leq |\{|f| > s\}|$ である．$r > R$ のときは $g(r) \leq s$ より，$s' > s$ ならば，$|\{|f| > s'\}| \leq |B(r)|$ となる．したがって，$s' > s$ について和集合，ついで $r > R$ についての下限とれば，$|\{|f| > s\}| \leq |B(R)|$ が得られる．以上より，$|\{g > s\}| = |\{|f| > s\}|$ となる．F が単調増加連続だから，すべての $t > 0$ に対して，ある $s > 0$ が存在して，$|\{F \circ f^* > t\}| = |\{g > s\}| = |\{F(|f|) > t\}|$ である．ゆえに

$$\sum_{k=0}^{\infty} \frac{k}{n} \left|\left\{\frac{k}{n} < F(f^*) \leq \frac{k+1}{n}\right\}\right| = \sum_{k=0}^{\infty} \left|\left\{\frac{k+1}{n} < F(f^*)\right\}\right|$$

より

$$\int_{\mathbb{R}^n} F(f^*(x))\, dx = \lim_{n \to \infty} \sum_{k=0}^{\infty} \left|\left\{\frac{k}{n} < F(f^*) \leq \frac{k+1}{n}\right\}\right| \frac{k}{n}$$
$$= \lim_{n \to \infty} \sum_{k=0}^{\infty} \left|\left\{\frac{k}{n} < F(|f|) \leq \frac{k+1}{n}\right\}\right| \frac{k}{n}$$
$$= \int_{\mathbb{R}^n} F(|f(x)|)\, dx. \quad \square$$

章末問題 1.4：

(1) 関数はすべて正値であるから，フビニの定理が使える．

$$\text{右辺} = \int_{\mathbb{R}} \left(\int_{\mathbb{R}} \chi_A(y-x)\chi_B(y)\, dy\right) dx$$
$$= \int_{\mathbb{R}} \left(\int_{\mathbb{R}} \chi_A(y-x)\chi_B(y)\, dx\right) dy$$

となる．この積分を変数変換を用いて計算すると，

$$\text{右辺} = \int_{\mathbb{R}} |A|\chi_B(y)\, dy = |A| \cdot |B|$$

が得られる．

(2) ルベーグ測度の正則性より A はコンパクトとしてよい．任意の $\varepsilon > 0$ に対して，$|I_1^\varepsilon \cup I_2^\varepsilon \cup \cdots \cup I_N^\varepsilon \setminus A| < \varepsilon$ となる A を覆う開区間 $I_1^\varepsilon, I_2^\varepsilon, \ldots, I_N^\varepsilon$ をとる．f_ε を $f_\varepsilon(r) = |(I_1^\varepsilon \cup I_2^\varepsilon \cup \cdots \cup I_N^\varepsilon) \cap (B-r)|$ と定義すると，$|f_\varepsilon(r) - f(r)| \leq \varepsilon$ であるから，f_ε は f に一様収束する．したがって，f_ε の連続性を示せばよい．ところが，$|f_\varepsilon(r) - f_\varepsilon(r')| \leq N|r - r'|$ であるから，確かに f_ε は連続である．ゆえに，少なくとも $f(\tilde{r}) > 0$ となる $\tilde{r} \in \mathbb{R}$ が (1) より存在するので，$f(r) > 0$ となる $r \in \mathbb{Q}$ も存在する．$\square$

章末問題 1.5：

(1) $\displaystyle\int_{-1}^{1}\frac{e^{its}(1-s^2)^\nu\,ds}{\sqrt{1-s^2}}$, $\displaystyle\int_{-1}^{1}\frac{s\,e^{its}(1-s^2)^\nu\,ds}{\sqrt{1-s^2}}$ の非積分関数の絶対値を考えるとそれぞれ $(1-s^2)^{\mathrm{Re}(\nu)-\frac{1}{2}}$, $s(1-s^2)^{\mathrm{Re}(\nu)-\frac{1}{2}}$ の定数関数倍であるから，$\mathrm{Re}(\nu) > \dfrac{1}{2}$ により，可積分である．したがって，積分の順序交換が正当化される．

そこで，具体的に左辺を計算していく．部分積分より

$$\frac{d}{dt}\left(t^{-\nu}J_\nu(t)\right) = \frac{1}{2^\nu\sqrt{\pi}\Gamma\left(\nu+\frac{1}{2}\right)}\int_{-1}^{1}\frac{is\,e^{its}(1-s^2)^\nu\,ds}{\sqrt{1-s^2}}$$

$$= \frac{1}{\Gamma\left(\nu+\frac{1}{2}\right)\left(\nu+\frac{1}{2}\right)}\int_{-1}^{1}\frac{t\,e^{its}(1-s^2)^{\nu+1}}{2^\nu\sqrt{\pi}\sqrt{1-s^2}}\,ds$$

$$= t^{-\nu}J_{\nu+1}(t).$$

(2) $dE_\nu(s) = e^{its}(1-s^2)^\nu\dfrac{ds}{\sqrt{1-s^2}}$ と書く．

$2^\nu\dfrac{d}{dt}\left(t^\nu J_\nu(t)\right)$

$$= \frac{t^{2\nu-1}}{\sqrt{\pi}\Gamma\left(\nu+\frac{1}{2}\right)}\left(2\nu\int_{-1}^{1}dE_\nu(s) + \int_{-1}^{1}(its)dE_\nu(s)\right)$$

$$= \frac{(2\nu-1)t^{2\nu-1}}{\sqrt{\pi}\Gamma\left(\nu+\frac{1}{2}\right)}\int_{-1}^{1}dE_\nu(s) + \frac{(2\nu-1)t^{2\nu-1}}{\sqrt{\pi}\Gamma\left(\nu+\frac{1}{2}\right)}\int_{-1}^{1}s^2\,dE_{\nu-1}(s)$$

$$= 2^\nu t^\nu J_{\nu-1}(t).$$

(3) 具体的に計算すると，左辺は

$$2^{-k}t^{\nu+1}\int_{-1}^{1}\frac{e^{isz}\left((1-s^2)t+2is\left(\nu+\frac{1}{2}\right)\right)}{(1-s^2)^{\frac{1}{2}-\nu}\Gamma\left(\nu+\frac{1}{2}\right)\Gamma\left(\frac{1}{2}\right)}\,ds = 0$$

となる．

(4) ルベーグの収束定理によって，

$$J_\nu(t) = \frac{2^{-\nu}t^\nu}{\sqrt{\pi}\Gamma\left(\nu+\frac{1}{2}\right)}\int_{-1}^{1}e^{its}(1-s^2)^\nu\frac{ds}{\sqrt{1-s^2}}$$

$$= \frac{2^{-\nu}t^\nu}{\sqrt{\pi}\Gamma\left(\nu+\frac{1}{2}\right)}\sum_{j=0}^{\infty}\frac{(it)^j}{j!}\int_{-1}^{1}\frac{s^j(1-s^2)^\nu\,ds}{\sqrt{1-s^2}}$$

である．これをガンマ関数を用いて計算していくと，

$$J_\nu(t) = \sum_{j=0}^{\infty} \frac{(-t^2)^j}{(2j)!} \int_{-1}^{1} \frac{2^{-\nu} t^\nu s^{2j} (1-s^2)^{\nu-\frac{1}{2}}}{\sqrt{\pi} \Gamma\left(\nu + \frac{1}{2}\right)} ds$$

$$= \sum_{j=0}^{\infty} \frac{(-t^2)^j}{(2j)!} \frac{2^{-\nu} t^\nu \Gamma\left(j+\frac{1}{2}\right) \Gamma\left(\nu+\frac{1}{2}\right)}{\sqrt{\pi} \Gamma\left(\nu+\frac{1}{2}\right) \Gamma(j+\nu+1)}$$

$$= \frac{2^{-\nu} t^\nu}{\sqrt{\pi}} \sum_{j=0}^{\infty} \frac{(-1)^j}{(2j)!} \frac{\Gamma\left(j+\frac{1}{2}\right)}{\Gamma(j+\nu+1)} t^{2j}.$$

これが示すべきことであった．□

章末問題 1.6：仮にルベーグ可測だとすると，

$$1 = \sum_{q \in \mathbb{Q}} |\{x_\lambda + q + m\}_{\lambda \in \Lambda, m \in \mathbb{Z}} \cap [0,1]|$$

$$= \sum_{q \in \mathbb{Q}} |\{x_\lambda\}_{\lambda \in \Lambda, m \in \mathbb{Z}} \cap [0,1]|$$

$$= \sum_{q \in \mathbb{Q}} |\{x_\lambda\}_{\lambda \in \Lambda}|$$

となるので，$|\{x_\lambda\}_{\lambda \in \Lambda}|$ が $[0, \infty]$ のどの値をとっても矛盾する．

🌿 第2章

問題 2.1：
(1) $\{\emptyset, X\}$, $\{\emptyset, \{2\}, \{1,3\}, X\}$, $\{\emptyset, \{3\}, \{1,2\}, X\}$
(2) $\{\emptyset, \mathbb{R}\}$
【注意】$\mathbb{Q}$, $\mathbb{C}$, $\mathbb{R}$ は体である．□

問題 2.2：$j, n \in \mathbb{N}$ に対して，$g(n) = a_n$, $f_j(n) = a_j \chi_{[1,j]}(n)$ とおく．$\{a_n\}_{n=1}^{\infty}$ は広義単調減少非負値数列だから，$0 \leq f_j(n) \leq g(n), n \in \mathbb{N}$ となり，$\sum_{j=1}^{\infty} a_j < \infty$ より $\lim_{j \to \infty} f_j(n) = 0, n \in \mathbb{N}$ が成り立つ．仮定より，

$$\int_{\mathbb{N}} g(n) \, d\mu(n) = \sum_{n=1}^{\infty} a_n < \infty$$

である．したがって，ルベーグの収束定理より，

$$\lim_{j \to \infty} j\, a_j = \lim_{j \to \infty} \int_{\mathbb{N}} f_j(n) \, d\mu(n) = \int_{\mathbb{N}} \lim_{j \to \infty} f_j(n) \, d\mu(n) = 0$$

となる．□

問題 2.3：$(X, \mathcal{M}, \mu)$ が測度空間であるための条件は次の通り．
(i) $\mathcal{M}$ は σ-集合体である． (ii) μ は測度である．
そこで，(i) と (ii) の確認をする．

(i) ($\mathcal{M}$ は σ-集合体であることの確認)
 (A) $X \in \mathcal{M}$ である．実際に，$X \in \mathcal{N}$ より明らかである．
 (B) $A \in \mathcal{M}$ なら $A^c = X \setminus A \in \mathcal{M}$ である．実際に，$X, A \in \mathcal{N}$ より，$A^c \in \mathcal{N}$ は明らかであるが，A^c の定義から，(X での補集合を考えているので，)$A^c \subset X$ も正しい．したがって，これも正しい．
 (C) $A_1, A_2, \ldots, A_j, \ldots \in \mathcal{M}$ ならば，$\bigcup_{j=1}^{\infty} A_j \in \mathcal{M}$ である．実際，$\mathcal{N}$ が σ-集合体であることと，$A_j \subset X$ より明らかである．
(ii) (μ は測度であることの確認) 示すべきは
 (A) $\mu(\emptyset) = 0$ (B) $\mu\left(\sum_{j=1}^{\infty} A_j\right) = \sum_{j=1}^{\infty} \mu(A_j)$
 であるが，これらは ν の性質から直接的に遺伝してくる．□

問題 2.4：

(1) まず，$\mathcal{B}(\mathbb{R}^n) \otimes \mathcal{B}(\mathbb{R}^m) \supset \sigma(\mathcal{Z})$ は明らかである．逆向きの包含関係を示すためには，生成元のレベルで逆向きの包含関係が示されればよいので，$A \in \mathcal{B}(\mathbb{R}^n), B \in \mathcal{B}(\mathbb{R}^m)$ に対して $A \times B \in \sigma(\mathcal{Z})$ を示せばよい．

$B \in \mathcal{O}_{\mathbb{R}^m}$ を一度固定しよう．$\mathcal{W}_B \equiv \{A \in \mathcal{B}(\mathbb{R}^n) : A \times B \in \sigma(\mathcal{Z})\}$ は $\mathcal{O}_{\mathbb{R}^n}$ を含む σ-集合体であるから，$\mathcal{W}_B = \mathcal{B}(\mathbb{R}^n)$ となる．よって，$A \in \mathcal{B}(\mathbb{R}^n), B \in \mathcal{O}_{\mathbb{R}^m}$ とすると，$A \times B \in \sigma(\mathcal{Z})$ である．今度は $\mathcal{B}(\mathbb{R}^n) \ni A$ とする．$\mathcal{A}_A = \{B \in \mathcal{B}(\mathbb{R}^m) : A \times B \in \sigma(\mathcal{Z})\}$ とおく．$\mathcal{W}_B$ に関する考察から $\mathcal{A}_A$ は $\mathcal{O}_{\mathbb{R}^m}$ を含む σ-集合体であるから，$\mathcal{A}_A = \mathcal{B}(\mathbb{R}^m)$ が成り立つ．したがって，$A \in \mathcal{B}(\mathbb{R}^n), B \in \mathcal{B}(\mathbb{R}^m)$ とすると，$A \times B \in \sigma(\mathcal{Z})$ である．よって，等号 (2.2) が得られた．

(2) $\sigma(\mathcal{O}_{\mathbb{R}^n \times \mathbb{R}^m}) = \mathcal{B}(\mathbb{R}^{n+m})$ だから，

$$\mathcal{B}(\mathbb{R}^n) \otimes \mathcal{B}(\mathbb{R}^m) = \sigma(\mathcal{Z}) \subset \mathcal{B}(\mathbb{R}^{n+m})$$

である．一方で，$\mathbb{R}^n \times \mathbb{R}^m$ の開集合は $\mathbb{R}^n$ の開集合と $\mathbb{R}^m$ の開集合の直積の可算合併として表される．ゆえに，$\mathcal{B}(\mathbb{R}^{n+m}) \subset \mathcal{B}(\mathbb{R}^n) \otimes \mathcal{B}(\mathbb{R}^m)$ となる．

□

問題 2.5：

(1) $0 \leq f_j(x) + g_j(x)$ なので，

$$\int_X \liminf_{j\to\infty}(f_j(x)+g_j(x))\,d\mu(x)$$
$$\le \liminf_{j\to\infty}\int_X (f_j(x)+g_j(x))\,d\mu(x)$$
$$\le \liminf_{j\to\infty}\int_X f_j(x)\,d\mu(x)+\limsup_{j\to\infty}\int_X g_j(x)\,d\mu(x)$$

となるのでこの等式を整理する.

(2) この不等式を整理すると,$\lim_{j\to\infty}\int_X f_j(x)\,d\mu(x)=\int_X f(x)\,d\mu(x)$ が (1) から出てくる.この等式において f_j を $|f_j-f|$ に,g_j を g_j+g に置き換える. □

問題 2.6：

(1) $\liminf_{n\to\infty}\sum_{m=1}^{\infty}a_{m,n}\ge \sum_{m=1}^{\infty}\liminf_{n\to\infty}a_{m,n}$

(2) 左側の等号は 2 項定理より得られる.第 2 項 $\le$ 第 3 項は $\left(1+\dfrac{1}{n}\right)^n$
$\le \sum_{k=0}^{n}\dfrac{1}{k!}$ より明らかである.逆向きの不等式はファトゥの補題を用いて証明される. □

問題 2.7：$X=\{0,1,2,\ldots\}$,$\mu=$ 計数測度,$\mathcal{M}=2^X$ とする.
$f_m(n)=a_{n,m}$,$f(n)=a_n$ とすると,

$$\left(\sum_{n=1}^{\infty}|a_n-a_{n,m}|^2\right)^{\frac{1}{2}}=\left(\int_X |f_m(n)-f(n)|^2\,d\mu(n)\right)^{\frac{1}{2}}$$
$$\left(\sum_{n=1}^{\infty}|a_{n,M}-a_{n,m}|^2\right)^{\frac{1}{2}}=\left(\int_X |f_m(n)-f_M(n)|^2\,d\mu(n)\right)^{\frac{1}{2}}$$

となる.後はファトゥの補題を適用するだけである. □

問題 2.8：正値関数に関するフビニの定理を適用して以下のように計算する.

$$\int_0^{\infty}g(y)\,dy=\int_0^{\infty}\mu(\{x\in X\,:\,f(x)\ge y\})\,dy$$
$$=\int_0^{\infty}\left(\int_X \chi_{\{x\in X\,:\,f(x)\ge y\}}(x,y)\,d\mu(x)\right)dy$$
$$=\int_X \left(\int_0^{\infty}\chi_{\{x\in X\,:\,f(x)\ge y\}}(x,y)\,dy\right)d\mu(x)$$
$$=\|f\|_{L^1(\mu)}.\quad \square$$

問題 2.9：$\int_0^1 \sqrt{1-x^4}\,dx > \int_0^1 \sqrt{1-x^2}\,dx = \dfrac{\pi}{4}$ □

問題 2.10：

(1) $x=\dfrac{p}{p+q}$ で,最大値 $\dfrac{p^p q^q}{(p+q)^{p+q}}$ をとる.

(2) $0<\varepsilon<\min\left(\dfrac{p}{p+q},\dfrac{q}{p+q}\right)$ を固定する.すると,

$$\sqrt[n]{2\varepsilon} \inf_{x \in \left(\frac{p}{p+q}-\varepsilon, \frac{p}{p+q}+\varepsilon\right)} f(x)$$
$$\leq \sqrt[n]{\int_0^1 x^{pn}(1-x)^{qn}\,dx} \leq \frac{p^p q^q}{(p+q)^{p+q}}$$

となる．$n \to \infty$ として，

$$\inf_{x \in \left(\frac{p}{p+q}-\varepsilon, \frac{p}{p+q}+\varepsilon\right)} f(x) \leq \liminf_{n\to\infty} \sqrt[n]{\int_0^1 x^{pn}(1-x)^{qn}\,dx}$$
$$\leq \limsup_{n\to\infty} \sqrt[n]{\int_0^1 x^{pn}(1-x)^{qn}\,dx}$$
$$\leq \frac{p^p q^q}{(p+q)^{p+q}}$$

となる．$\varepsilon \downarrow 0$ として，$L = \dfrac{p^p q^q}{(p+q)^{p+q}}$ を得る．□

問題 2.11：

(1) $\|f\|_{L^p[a,b]} \leq \|f\|_{L^\infty[a,b]} \sqrt[p]{b-a}$ より，

$$\limsup_{p\to\infty} \|f\|_{L^p[a,b]} \leq \|f\|_{L^\infty[a,b]}$$

が得られる．逆に，$\varepsilon > 0$ を任意に与えると，f の連続性から，ある区間 $[a',b'] \subset [a,b]$ が存在して，$|f(x)| > \|f\|_{L^\infty[a,b]} - \varepsilon$ が $[a',b']$ 上で成り立つ．このことから

$$\|f\|_{L^p[a,b]} \geq (\|f\|_{L^\infty[a,b]} - \varepsilon) \sqrt[p]{b'-a'}$$

となる．$p \to \infty$ として，$\liminf\limits_{p\to\infty} \|f\|_{L^p[a,b]} \geq \|f\|_{L^\infty[a,b]} - \varepsilon$ が得られる．ε は任意であるから，$\liminf\limits_{p\to\infty} \|f\|_{L^p[a,b]} \geq \|f\|_{L^\infty[a,b]}$ となる．

(2) ε, a, b などは (1) と同じとして，

$$\|f\|_{L^\infty[a,b]} - \varepsilon + \frac{\log(b'-a')}{\lambda} \leq \frac{1}{\lambda}\log\int_I e^{\lambda f(t)}\,dt$$
$$\leq \|f\|_{L^\infty[a,b]} + \frac{\log|I|}{\lambda}$$

が得られる．このことから，(1) と同じ方法で結論が得られる．□

問題 2.12：

(1) 1 点集合 $\{0\}$ の測度はルベーグ測度で 0 である一方で，計数測度で 1 であるから絶対連続ではない．

(2) 密度があるので，絶対連続である．□

問題 2.13：

(1) 複素測度の条件に適うことを示せばよいだけので，省略する．

(2) $X = \{f > 0\} \cup \{f \leq 0\}$ □

問題 **2.14**：
(1) $\lambda(E) = 0$ とすると，$\mu(E) + \nu(E) = 0$ である．$\mu(E), \nu(E) \geq 0$ であるから，$\mu(E) = 0$ となる．よって，$\mu \ll \lambda$ である．
(2) $\dfrac{d\rho}{d\mu} = 2 + \chi_{E_0} + \chi_{E_1{}^c}$ である． $\square$

問題 **2.15**：
(1) $|\nu|(E) = 0$ とすると，E の任意の可測分割 $E = \displaystyle\sum_{j=1}^{\infty} E_j$ に対して，$\nu(E_j) = 0$ である．よって，$\nu(E) = 0$ である．

(2) $E \in \mathcal{B}$ について，$\left| \displaystyle\int_E f(x)\, d|\nu|(x) \right| = |\nu(E)| \leq |\nu|(E)$ であるから，$|f| \leq 1$ が $|\nu|$-ほとんどいたるところ成り立つ．仮に $|f(x)| < 1$ が $|\nu|$-測度 > 0 の集合 E 上で成り立つとする．単調収束定理により，ある $\varepsilon \in (0, 1)$ が存在して $|f(x)| < 1 - \varepsilon$ が E 上成り立っているとしてよい．E に含まれる任意の可測集合 F について

$$|\nu(F)| = \left| \int_F f(x)\, d|\nu|(x) \right| \leq \int_F |f(x)|\, d|\nu|(x) \leq (1-\varepsilon)|\nu|(F)$$

だから，$|\nu|(E) \leq (1-\varepsilon)|\nu|(E)$ となり，$|\nu|(E) > 0$ に矛盾する． $\square$

章末問題 **2.1**：$p_1, p_2, \ldots$ を素数を小さい順番に並べたものとする．また，$K \in \mathbb{N}$ に対して，$\mathcal{P}_K = \{p_1, p_2, \ldots, p_K\}$ とおく．

(1)(1-i) 極限の意味合いを考えるわかるように，

$$\prod_{k=1}^{\infty} \left(1 + \sum_{r=1}^{\infty} |f(p_k{}^r)| \right) = \lim_{K \to \infty} \prod_{p \in \mathcal{P}_K} \left(1 + \sum_{r=1}^{\infty} |f(p^r)| \right)$$

となる．つぎに，この右辺を展開すると，仮定 (A) から，

$$\prod_{p \in \mathcal{P}_K} \left(1 + \sum_{r=1}^{\infty} |f(p^r)| \right) = 1 + \sum_{k} |f(k)|$$

となる．ここで，k は $\mathcal{P}_K$ の素数で素因数分解されるもの全体を動く．K に関して，単調収束定理を用いると，

$$\prod_{k=1}^{\infty} \left(1 + \sum_{r=1}^{\infty} |f(p_k{}^r)| \right) = 1 + \sum_{n=1}^{\infty} |f(n)|$$

となる．

(1-ii) (1-i) から，

$$\log \left(1 + \sum_{n=1}^{\infty} |f(n)| \right) = \sum_{k=1}^{\infty} \log \left(1 + \sum_{r=1}^{\infty} |f(p_k{}^r)| \right)$$
$$\leq \sum_{p \in \mathcal{P}} \left(\sum_{r=1}^{\infty} |f(p^r)| \right) < \infty$$

が得られる．

(2) (1) で得られた等式と類似であるが，$K \to \infty$ で使う公式が今度はルベーグの収束定理に代わることに気を付ける．

(3) $f(t) = t^{-s}$ として，(1) を用いると，$1 + \sum_{r=1}^{\infty} f(p^r) = \dfrac{1}{1-p^{-s}}$ となる．

(4) 仮に，この量が有限値であるとすると，
$$\sum_{k=1}^{\infty} \sum_{r=1}^{\infty} \frac{1}{p_k{}^r} \le \sum_{k=1}^{\infty} \sum_{r=1}^{\infty} \frac{1}{2^{r-1} p_k} = 2 \sum_{k=1}^{\infty} \frac{1}{p_k} < \infty$$
となる．よって，(1) から，$\sum_{n=1}^{\infty} \dfrac{1}{n} < \infty$ が得られてしまう．□

章末問題 2.2：

(1) 無限等比級数の公式を逆利用すると，
$$\zeta(s) = \lim_{K \to \infty} \prod_{N=1}^{K} (1 - p_N{}^{-s})^{-1} = \lim_{K \to \infty} \prod_{N=1}^{K} \sum_{l=0}^{\infty} \frac{1}{p_N{}^{sl}}$$
と表せる．K 個の積を展開すると，
$$\prod_{N=1}^{K} \sum_{l=0}^{\infty} \frac{1}{p_N{}^{sl}} = \sum_{\substack{m \text{ は } p_1, p_2, \ldots, p_K \\ \text{で素因数分解される}}} \frac{1}{m^s}$$
となるから，単調収束定理によって，
$$\zeta(s) = \sum_{\substack{m \text{ は有限個の} \\ \text{素因数からなる}}} \frac{1}{m^s} = \sum_{m=1}^{\infty} \frac{1}{m^s}$$
が得られる．

(2) (1) と積分が与える面積の比較から，$\displaystyle\int_1^{\infty} \frac{dx}{x^s} \le \zeta(s) \le 1 + \int_1^{\infty} \frac{dx}{x^s}$ となる．この不等式に現れた積分は $(s-1)^{-1}$ だから，(2) が得られる．

(3) テーラー展開によって，
$$\log \zeta(s) = -\sum_{N=1}^{\infty} \log\left(1 - \frac{1}{p_N{}^s}\right) = \sum_{N,l=1}^{\infty} \frac{1}{p_N{}^{sl} l}$$
である．$l=1$ に関する項を外に出せば，
$$\log \zeta(s) - \sum_{N=1}^{\infty} p_N{}^{-s} = \sum_{N=1}^{\infty} \sum_{l=2}^{\infty} \frac{1}{p_N{}^{sl} l}$$
となる．この正値級数の和をとる順番をフビニの定理によって交換して，

$$\log \zeta(s) - \sum_{N=1}^{\infty} p_N{}^{-s} = \sum_{l=2}^{\infty} \sum_{N=1}^{\infty} \frac{1}{p_N{}^{sl} l} = \sum_{l=2}^{\infty} \frac{1}{l} \left(\sum_{N=1}^{\infty} \frac{1}{p_N{}^{sl}} \right)$$

となる.

(4) $\displaystyle\sum_{N=1}^{\infty} \frac{1}{p_N{}^{sm}} \leq \sum_{N=2}^{\infty} \frac{1}{N^{sm}} \leq \frac{1}{sm-1}$ より,

$$0 \leq (3) \text{ の左辺} \leq \sum_{m=2}^{\infty} \frac{1}{m(sm-1)} \leq \sum_{m=2}^{\infty} \frac{1}{m(m-1)} = 1$$

となる. よって, (3) で両辺を $\log(s-1)$ で割ってから, $s \downarrow 1$ とすると, 左辺は 0 になる. (2) より,

$$\lim_{s \downarrow 1} \frac{\log \zeta(s)}{\log(s-1)} = \lim_{s \downarrow 1} \frac{\log\{\zeta(s)(s-1)\}}{\log(s-1)} - 1 = -1$$

であるから, 左辺は $-1 - \displaystyle\lim_{s \downarrow 1} \frac{1}{\log(s-1)} \sum_{N=1}^{\infty} \frac{1}{p_N{}^s}$ に近づく. これを整理すればよい. □

章末問題 2.3：

(1) 無限等比級数の公式を逆利用すると,

$$\zeta_2(s) = \lim_{K \to \infty} \prod_{N=1}^{K} \frac{1}{(1-q_N{}^{-s})(1-r_N{}^{-s})}$$
$$= \lim_{K \to \infty} \prod_{N=1}^{K} \left(\sum_{l=0}^{\infty} \frac{1}{q_N{}^{sl}} \right) \left(\sum_{l=0}^{\infty} \frac{1}{r_N{}^{sl}} \right)$$

で定める. K 個の積を展開すると,

$$\prod_{N=1}^{K} \sum_{l_1, l_2=0}^{\infty} (q_N)^{-sl_1}(r_N)^{-sl_2} = \sum_{\substack{m \text{ は素因数 } q_1, q_2, \ldots, q_K, \\ r_1, r_2, \ldots, r_K \text{ からなる}}} \frac{1}{m^s}$$

となるから, 単調収束定理によって, $\zeta_2(s) = \displaystyle\sum_{m=1}^{\infty} \frac{1}{(2m+1)^s}$ が得られる.

(2) $\displaystyle\int_1^{\infty} \frac{ds}{(2x+1)^s} \leq \zeta_2(s) \leq 1 + \int_1^{\infty} \frac{ds}{(2x+1)^s}$ を用いる.

(3) 同じ考え方で,

$$L(s) = \lim_{K \to \infty} \sum_{\substack{l_1, l_2, \ldots, l_K = 1 \\ m_1, m_2, \ldots, m_K = 1}}^{\infty} \frac{(-1)^{m_1+m_2+\cdots+m_K}}{\displaystyle\prod_{j=1}^{K} (q_j{}^{l_j} r_j{}^{m_j})^s}$$

に行き着く. $q_1{}^{l_1} q_2{}^{l_2} \cdots q_K{}^{l_K} r_1{}^{m_1} r_2{}^{m_2} \cdots r_K{}^{m_K} - 1$ を 4 で割りきれる必要十分条件は $m_1 + m_2 + \cdots + m_K$ が偶数であることだから, $L(s)$ は

$$\lim_{K\to\infty} \sum_{\substack{l_1,l_2,\ldots,l_K=1\\m_1,m_2,\ldots,m_K=1}}^{\infty} \frac{(-1)^{\frac{1}{2}(\prod_{j=1}^K q_j{}^{l_j}r_j{}^{m_j}-1)}}{\prod_{j=1}^{K}(q_j{}^{l_j}r_j{}^{m_j})^s}$$

と表示される．よって，数列空間に関するルベーグの収束定理によって，結論が得られる．

(4) $\dfrac{\pi}{4}$

(5) $\log \zeta_2(s)$ をテーラー展開して，

$$\log \zeta_2(s) = \sum_{k=1}^{\infty} \frac{1}{k} \sum_{N=1}^{\infty}\left(\frac{1}{q_N{}^{sk}} + \frac{1}{r_N{}^{sk}}\right)$$

を得る．$k=1$ に相当する項を抽出する．

(6) まず，(5) から $\displaystyle\lim_{s\downarrow 1}\frac{-1}{\log(s-1)}\sum_{N=1}^{\infty}\left(\frac{1}{q_N{}^s}+\frac{1}{r_N{}^s}\right)=1$ となる．同じ方法で，

$$\log L(s) = \sum_{k=1}^{\infty} \frac{1}{k} \sum_{N=1}^{\infty}\left(\frac{1}{q_N{}^{sk}} - \frac{1}{r_N{}^{sk}}\right)$$

も示せる．(4) とこの等式から，

$$\lim_{s\downarrow 1}\frac{-1}{\log(s-1)}\sum_{N=1}^{\infty}\left(\frac{1}{q_N{}^s}-\frac{1}{r_N{}^s}\right)=0$$

となるから，(A) と (B) を用いることで問題に現れた 2 つの等式が得られる．□

章末問題 2.4： いずれの問題も $d_0(A,B) = \|\chi_A - \chi_B\|_1$ を用いることで示せる．

(1) d_0 の表示式により，$L^1(X,\mathcal{B},\mu)$ の三角不等式に帰着させられる．

(2) 反射律と対称律は (1-i) と (1-ii) そのものである．推移律「$A \sim B$ かつ $B \sim C$ ならば，$A \sim C$」は (1-iii) から従う．実際に，$A \sim B$ かつ $B \sim C$ ならば，$d_0(A,B) = d_0(B,C) = 0$ であるが，(1-iii) から $0 \le d_0(A,C) \le d_0(A,B) + d_0(B,C) = 0$ となる．

(3) $d([A],[B])$ は $[A],[B]$ の代表元のとり方によらないことはほとんどいたるところ等しい関数の積分は同じ値になることから明らかである．d が $\widetilde{\mathfrak{B}}$ 上の距離関数になっていることを示そう．d が (1) の性質をもっていることから「$d([A],[B])=0$ ならば，$A \sim B$ である」という性質以外が得られる．この性質は $[0,\infty)$ に値をとる関数の積分が 0 だとすると，その関数はほとんどいたるところ 0 になることからわかる．□

章末問題 2.5：

(1) $\{Hf > \lambda\} = (R_1,R_2)\cup(R_3,R_4)\cup\cdots$ と表すと $Hf(R_j) = \lambda$ だから，各 $j=1,2,\ldots$ について，$\displaystyle\int_0^{R_j} f(x)\,dx = \lambda R_j$ がなりたつ．よって，

$$\int_{\{Hf>\lambda\}} f(x)\,dx = \sum_{j=1}^{\infty} \int_{R_{2j-1}}^{R_{2j}} f(x)\,dx$$
$$= \lambda \sum_{j=1}^{\infty} (R_{2j} - R_{2j-1})$$
$$= \lambda |\{Hf > \lambda\}|$$

となる．

(2) 関係式
$$\|Hf\|_{L^p(0,\infty)}{}^p = \int_0^{\infty} p\lambda^{p-1} |\{Hf > \lambda\}|\,d\lambda$$
$$= \int_0^{\infty} p\lambda^{p-2} \left(\int_{\{Hf>\lambda\}} f(x)\,dx\right) d\lambda$$
$$= p' \int_0^{\infty} f(x) Hf(x)^{p-1}\,d\lambda$$

にヘルダーの不等式を用いる．

(3) ミンコフスキーの不等式により，

$$\left\{\int_0^{\infty} \left(\int_0^{\infty} |F(x,y)|\,d\mu(y)\right)^p d\mu(x)\right\}^{\frac{1}{p}}$$
$$\leq \int_0^{\infty} \left(\int_0^{\infty} |F(x,y)|^p\,d\mu(x)\right)^{\frac{1}{p}} d\mu(y)$$

である．特に $\mu = \dfrac{dx}{x}$, $F(x,y) = g(y)f\left(\dfrac{x}{y}\right)$ として，

$$\int_0^{\infty} |F(x,y)|^p \frac{dx}{x} = |g(y)| \int_0^{\infty} \left|f\left(\frac{x}{y}\right)\right|^p \frac{dx}{x}$$
$$= |g(y)|(\|f\|_{L^p(\mu,(0,\infty))})^p$$

だから，これをミンコフスキーの不等式に代入すると，

$$\left\{\int_0^{\infty} \left(\int_0^{\infty} \left|g(y)f\left(\frac{x}{y}\right)\right| \frac{dy}{y}\right)^p \frac{dx}{x}\right\}^{\frac{1}{p}}$$
$$\leq \|f\|_{L^p(\mu,(0,\infty))} \|g\|_{L^1(\mu,(0,\infty))}$$

となる．ここで，$g(y) = \chi_{(1,\infty)}(y) y^{-\alpha}$ とすると，

$$\left\{\int_0^{\infty} \left(\int_1^{\infty} \left|f\left(\frac{x}{y}\right)\right| \frac{dy}{y^{1+\alpha}}\right)^p \frac{dx}{x}\right\}^{\frac{1}{p}} \leq \frac{1}{\alpha} \|f\|_{L^p(\mu,(0,\infty))}$$

である．変数変換をすると，

$$\left\{\int_0^\infty \left(\frac{1}{x^\alpha}\int_0^x |f(z)|\,\frac{dz}{z^{1-\alpha}}\right)^p \frac{dx}{x}\right\}^{\frac{1}{p}} \leq \frac{1}{\alpha}\|f\|_{L^p(\mu,(0,\infty))}$$

となる．ここで，α を $p-r=p\alpha$ で与えると，

$$\left\{\int_0^\infty x^r \left(\frac{1}{x}\int_0^x |f(z)|\,\frac{dz}{\sqrt[r]{z^r}}\right)^p \frac{dx}{x}\right\}^{\frac{1}{p}} \leq \frac{p}{p-r}\|f\|_{L^p(\mu,(0,\infty))}$$

となる．あとは，f をとりかえればよい．

(4) 定数 $C>0$ に対する不等式

$$\int_0^\infty x^r \left(\frac{1}{x}\int_0^x f(t)\,dt\right)^p \frac{dx}{x} \leq C\int_0^\infty t^r f(t)^p\,\frac{dt}{t}$$

が成り立つとして，この式に $f(x)=\sqrt[p]{x^{-r+p\varepsilon}\chi_{(0,1)}(x)}$ を代入する．
$\int_0^1 \left(\frac{1}{x}\int_0^x f(t)\,dt\right)^p \frac{dx}{x^{1-r}} \leq C\int_0^\infty t^r f(t)^p\,\frac{dt}{t}$ だから，

$$\left(\frac{p}{p+p\varepsilon-r}\right)^p \int_0^1 x^{p\varepsilon-1}\,dx \leq C\int_0^1 x^{p\varepsilon-1}\,dx$$

が得られる．よって，$\varepsilon\downarrow 0$ として $C\geq\left(\dfrac{p}{p-r}\right)^p$ である．□

章末問題 2.6：
(1) 複素線積分を用いて最右辺の積分を計算する方法がある．
(2) 変数変換により，左辺 $=\left\{\int_0^\infty\left(\int_0^\infty \dfrac{f(xy)}{x+1}\,dx\right)^p dy\right\}^{\frac{1}{p}}$ となる．こ
こで，ミンコフスキーの不等式を用いると，

$$\text{左辺}\leq \int_0^\infty \left(\int_0^\infty \left|\frac{f(xy)}{x+1}\right|^p dy\right)^{\frac{1}{p}} dx = \int_0^\infty \frac{\|f\|_{L^p(0,\infty)}dx}{(x+1)\sqrt[p]{x}}$$

である．(1) より所望の結果が得られる．□

章末問題 2.7：
(1) 三角不等式から

$$\|f\|_{L^1(\mu)} \geq \left|\sum_{j=1}^J \int_{E_j} f(x)\,d\mu(x)\right|$$

だから，(2.14) の左辺は右辺より大きい．
(2) $N\in\mathbb{N}$ を任意にとる．$E_0^N=f^{-1}(0)$, $N=1,2,\ldots$ に対して，

$$E_j^N \equiv \left\{x\in X : f(x)\neq 0,\,\frac{\arg(f(x))}{2\pi}\in\left[\frac{j-1}{N},\frac{j}{N}\right)\right\}$$

とおく．すると，

$$\sum_{j=0}^{J} \left| \int_{E_j^N} f(x)\,d\mu(x) \right|$$
$$= \sum_{j=0}^{J} \left| \int_{E_j^N} \exp\left(\frac{2\pi(2j-1)}{2N}i\right) f(x)\,d\mu(x) \right|$$
$$\geq \cos\frac{\pi}{N} \sum_{j=0}^{J} \int_{E_j^N} |f(x)|\,d\mu(x) = \cos\frac{\pi}{N}\|f\|_{L^1(\mu)}$$

となる．よって，$\|f\|_{L^1(\mu)} \leq$ (2.14) の右辺も成り立つ．□

章末問題 2.8：

(1-a) $|F|$ を正値単関数の単調増大列で近似する．つまり，

$$\lim_{N\to\infty} \sum_{k=1}^{K_N} a_k^N \chi_{E_k^N}(x,y) = |F(x,y)|, \quad a_k^N > 0$$

と表す．ここで，$\sharp E_k^N = \infty$ となることがあれば，両辺は無限大になるので，等号が成立する．$\sharp E_k^N < \infty$ が常に成り立つならば，

$$E_X = \bigcup_{y\in Y}\bigcup_{k,N}\{x \in X : (x,y) \in E_k^N\}$$
$$E_Y = \bigcup_{x\in X}\bigcup_{k,N}\{y \in Y : (x,y) \in E_k^N\}$$

は高々可算集合となる．$E_X \times E_Y$ は可算集合であるから，特に σ-有限となり，通常のフビニの定理が使える．

(1-b) $(\mathrm{Re}F)^+, (\mathrm{Im}F)^+, (\mathrm{Re}F)^-, (\mathrm{Im}F)^-$ に分けて考える．

(2) (1-a) を適用して，

$$\sum_{k\in\mathbb{Z}^n}\left(\sum_{l\in\mathbb{Z}^n}|a_{k-l}b_l|\right) = \sum_{l\in\mathbb{Z}^n}\left(\sum_{k\in\mathbb{Z}^n}|a_{k-l}b_l|\right)$$
$$= \sum_{l\in\mathbb{Z}^n}|b_l|\left(\sum_{k\in\mathbb{Z}^n}|a_{k-l}|\right)$$
$$= \sum_{l\in\mathbb{Z}^n}|b_l|\left(\sum_{k\in\mathbb{Z}^n}|a_k|\right)$$
$$= \|a\|_{\ell^1(\mathbb{Z}^n)} \cdot \|b\|_{\ell^1(\mathbb{Z}^n)}$$

となる．

(3-a) (2) より明らかである．

(3-b) (1-b) を使い，(2) と同様に示す．

(3-c) $(a*b)_k$ の定義式において，$l \to k-l$ の変数変換を施す．

(3-d) $*$ の定義から明らかなので省略する．□

第3章

問題 3.1：$x \notin Q$ のときは，$M\chi_A(x) \geq 0 = |Q|^{-1}|A|\chi_Q(x)$ より明らかである．そうではないときは，Q が立方体であるから $M\chi_A(x) \geq |Q|^{-1}|A| = |Q|^{-1}|A|\chi_Q(x)$ となる．□

問題 3.2：極大作用素の定義によって，
$$M[f \cdot \chi_Q](x) \geq \sup_{R \in \mathcal{Q}_x, R \subset Q} \frac{1}{|R|} \int_R |f(y)|\, dy$$
は明らかである．逆向きの不等号を示そう．定義によって，
$$M[f \cdot \chi_Q](x) = \sup_{R \in \mathcal{Q}_x} \frac{1}{|R|} \int_{R \cap Q} |f(y)|\, dy$$
である．そこで，$R \in \mathcal{Q}_x$ を任意にとって固定する．

(1) $\ell(R) > \ell(Q)$ のとき，
$$\frac{1}{|R|}\int_{R \cap Q} |f(y)|\, dy \leq m_Q(|f|) \leq \sup_{T \in \mathcal{Q}_x, T \subset Q} m_T(|f|)$$
である．

(2) $\ell(R) \leq \ell(Q), R \subset Q$ のとき，
$$\frac{1}{|R|}\int_{R \cap Q} |f(y)|\, dy = m_R(|f|) \leq \sup_{T \in \mathcal{Q}_x, T \subset Q} m_T(|f|)$$
である．

(3) $\ell(R) \leq \ell(Q), R \cap Q^c \neq \emptyset$ のとき，R を平行移動することで，S という R と同じサイズの立方体があって，$R \cap Q \subset S \subset Q$ となる．よって，
$$\frac{1}{|R|}\int_{R \cap Q} |f(y)|\, dy \leq m_S(|f|) \leq \sup_{T \in \mathcal{Q}_x, T \subset Q} m_T(|f|)$$
である．□

問題 3.3：

(1) f のルベーグ点全体のなす集合を $\mathcal{L}$ と表す．$x \in \mathcal{L}$ ならば，$f(x) = \lim_{r \downarrow 0} \frac{1}{r^n} \int_{[0,r]^n} f(x+y)\, dy$ であるが，仮定から $f(x) = \lim_{r \downarrow 0} \frac{1}{r^n} \int_{[0,r]^n} f(y)\, dy$ となるので，$x \in \mathcal{L}$ ならば，$f(x)$ は一定値である．

(2) 定理 3.3 より，ほとんどすべての $x > 0$ に対して，
$$G'(x) = \lim_{h \to 0} h^{-1} \int_x^{x+h} g(y)\, dy = g(x)$$
となる．□

問題 3.4：

(1) $\chi_E \in L^\infty(\mathbb{R}) \subset L^1_{\mathrm{loc}}(\mathbb{R})$ より明らかである．

(2) E のルベーグ点 p に対して，$\lim_{r \downarrow 0} \frac{|E \cap [p-r, p+r]|}{2r} = 1$ が成り立つから，問題の条件とは相容れない．□

問題 3.5：

(1) 対称性を崩して考える．例えば，$\sup(I\cup J\cup K)=\sup I$, $\inf(I\cup J\cup K)=\inf J$ もしくは，$\sup(I\cup J\cup K)=\sup I$, $\inf(I\cup J\cup K)=\inf I$ ならば，$I\cup J\cup K=I\cup J$ である．
【注意】次のように考えてもよい．$I=(a_I,b_I)$ などと表す．
$$a=\min\{a_I,a_J,a_K\},\ b=\max\{b_I,b_J,b_K\}$$
とする．$*,**\in\{I,J,K\}$ とする．$a=a_*$, $b=b_{**}$ ならば，$I\cup J\cup K=*\cup **$ である．

(2) 極大作用素 M の定義には $\sup$ が現れているので，区間の集まり $\mathcal{J}_0(\lambda)\subset\mathcal{I}(\mathbb{R})$ が存在して，$\|f\|_{L^1(J)}>\lambda|J|$ と
$$\{x\in\mathbb{R}:Mf(x)>\lambda\}=\bigcup_{J\in\mathcal{J}_0(\lambda)}J$$
が成り立つ．(1) より，3 つ以上が 1 点に交わっているときには，そのうちの 1 つを外してもよいので，高々 2 つの重なりをもつ区間の集まり $\mathcal{J}(\lambda)\subset\mathcal{J}_0(\lambda)\subset\mathcal{I}(\mathbb{R})$ が存在する．$\mathcal{J}(\lambda)$ が求めるものである．

(3) (2) の不等式を組み合わせる．$\mathcal{J}(\lambda)=\emptyset$ の場合もあるので，注意せよ．□

問題 3.6：

(1) $|A|\cdot|B|=\int_{\mathbb{R}}\chi_A*\chi_B(x)\,dx=0$ である．ここで，関数が正値であることを用いて，フビニの定理を使った．よって，$|A|,|B|>0$ は成り立たない．

(2) 平行移動を考えて，M は 0 をルベーグ点として含んでいるとする．すると，少なくともルベーグ点の定義から，$|M\cap[0,2r]|,|M\cap[-2r,0]|>r$ が $0<r\ll 1$ に対して成り立つ．$Z=\bigcup_{k\in 1}^{\infty}(x_k+M)$ としよう．$F_n(x)=2\max(0,n-n^2|x|)$ とする．$\chi_Z*F_n\geq 1$ である．実際に，0 のある近傍で，$\chi_Z*F_n\geq\chi_M*F_n\geq 1$ であるが，$\{x_k\}_{k\in\mathbb{N}}$ が稠密であるから，$\chi_Z*F_n\geq 1$ である．したがって，ルベーグの微分定理によって，ほとんどいたるところ，$2\chi_Z=\lim_{n\to\infty}\chi_Z*F_n\geq 1$ が成り立つ．つまり，Z と $\mathbb{R}$ は零集合の違いしかない．□

問題 3.7：

(1) M_x を定義している右辺を考える．$r=1$ とすればわかるように，f は p 乗局所可積分である．

(2) 不等式 $0\leq\dfrac{1}{r^n}\displaystyle\int_{B(x,r)}|f(y)|^p\,dy\leq M_x r^{p\lambda}$ を用いる．

(3) $v_n=$「単位球 $\{x_1{}^2+\cdots+x_n{}^2<1\}$ の体積」とおく．$|f|^p$ のルベーグ点全体を L_f と表す．$x\in L_f$ ならば，仮定から，$|f(x)|^p=\lim_{r\downarrow 0}\dfrac{1}{r^n v_n}\displaystyle\int_{B(x,r)}|f(y)|^p\,dy=0$ となる．$\mathbb{R}^n\setminus L_f$ は測度が 0 であ

るから，ほとんどいたるところ（より正確には少なくとも L_f 上は）$f(x) = 0$ であるといえる． □

問題 3.8：右側の不等式を示す．左側の不等式も同じである．f から適当な 1 次関数を引いて $f(b) = f(a) = 0$ としてよい．$\sup_{a<x<b} \overline{D^+} f(x) < 0$ と仮定する．$\varepsilon > 0$ を $\sup_{a<x<b} \overline{D^+} f(x) < -2\varepsilon$ となるようにとる．$g(x) \equiv f(x) + \varepsilon(x-a)$ とする．$d = \sup\{x \in [a,b] : g(d) = 0\}$ とおく．すると，$a \leq d < b$ である．$x > d$ のとき，$g(x) > 0$ であるから，$D^+ g(d) \geq 0$ である．これは $D^+ g(d) = D^+ f(d) + \varepsilon < -\varepsilon$ に矛盾する． □

章末問題 3.1：

(A-1) Q_j 上では $M\chi_{E_j} \geq \lambda$ が成り立つので明らかである．

(A-2) (3.6) と (A-1) より，

$$W(u(Z)) \leq W(u\{M\chi_E > \lambda\}) \leq c_1 \varphi(\lambda) W(u(E))$$

が得られる．

(B-1) $M\chi_E$ の定義から，$M\chi_E(x) > \lambda$ を満たしている $x \in \mathbb{R}^n$ について，x を内点として含む立方体 $Q(x)$ を $|Q(x) \cap E| > \lambda |Q(x)|$ となるようにとれる．$K \subset \bigcup_x Q(x)$ を満たしているが，K がコンパクトだから，有限個の立方体 $Q_1, Q_2, \ldots, Q_J$ を $\{Q(x)\}$ の中から選んで，K を覆える．この $Q_1, Q_2, \ldots, Q_J$ が求めるものである．

(B-2) (3.7) を $E_j = Q_j \cap E$ に適用する．$Q^* = \bigcup_{j=1}^J Q_j$, $E^* = \bigcup_{j=1}^J E_j$ とすると，

$$\frac{1}{\varphi(\lambda)} \leq \min_{j=1,2,\ldots,J} \frac{1}{\varphi(|Q_j|^{-1}|E_j|)} \leq c_2 \frac{W(u(E^*))}{W(u(Q^*))}$$

となる．したがって，

$$W(u(K)) \leq W(u(Q^*)) \leq \varphi(\lambda) W(u(E^*)) \leq \varphi(\lambda) W(E)$$

となる．

(B-3) $\{M\chi_E > \lambda\}$ は開集合であるから，コンパクト集合の増大列 $\{K_j\}_{j=1}^\infty$ で近似できる．$W(u(K_j)) \leq \varphi(\lambda) W(E)$ であるが，単調収束定理により，$j \to \infty$ として $W(u\{M\chi_E > \lambda\}) \leq \varphi(\lambda) W(E)$ となる． □

章末問題 3.2：

(1) $\{1, 2\}$ を μ で測ると 0 であるが，ν で測ると 2 となるから，ν は μ について絶対連続ではない．

(2) $\mu(E) = |E| = 0$ と仮定する．$\nu(E) = \int_E \frac{1}{\sqrt{2\pi}} \exp\left(-\frac{x^2}{2}\right) dx$ となるから，$\nu(E) = 0$ となる．よって，ν は μ に関して絶対連続である．その密度は $\frac{1}{\sqrt{2\pi}} \exp\left(-\frac{x^2}{2}\right)$ となる．

(3) $\mu(E) = 0$ とする.仮に,$\mu(E) = 0 \neq |E|$ とする.$a > 0$ に対して,
$$E_a \equiv \left\{ x \in E : \frac{1}{\sqrt{2\pi}} \exp\left(-\frac{x^2}{2}\right) > a \right\}$$
とおく.$E_1 \subset E_{2^{-1}} \subset E_{3^{-1}} \subset \cdots \uparrow E$ となるから,十分に大きな K に対して,$|E_{K^{-1}}| > \frac{1}{2}|E|$ となる.したがって,
$$0 = \mu(E) \geq \int_{E_{K^{-1}}} \exp\left(-\frac{x^2}{2}\right) \frac{dx}{\sqrt{2\pi}} > \frac{|E|}{2K} > 0$$
が得られて矛盾する.よって,$\nu(E) = |E| = 0$ となる.つまり,ν は μ に関して絶対連続である.$\psi(x) = \frac{1}{\sqrt{2\pi}} \exp\left(-\frac{x^2}{2}\right) \varphi(x), x \in \mathbb{R}$ とする.密度関数を φ とすると,任意のルベーグ可測集合 E に対して,$\int_E dx = \nu(E) = \int_E \psi(x)\,dx$ となる.ψ のルベーグ点を E_ψ と書くと,$x \in E_\psi$ ならば,
$$\psi(x) = \lim_{h \downarrow 0} \frac{1}{|[x, x+h]|} \int_{[x, x+h]} \psi(y)\,dy = \lim_{h \downarrow 0} \frac{|[x, x+h]|}{|[x, x+h]|} = 1$$
となるから,ほとんどいたるところ,$\psi(x) = 1$ である.つまり,ほとんどいたるところ,$\varphi(x) = \sqrt{2\pi} \exp\left(\frac{x^2}{2}\right)$ となる. $\square$

章末問題 3.3:
(1) これはルベーグの微分定理から明らかである.
(2) 仮に $Q(x) = [0, 1)^n$ とすると,$|Q(x) \cap A| > \lambda |Q(x)|$ より $|A| < \lambda < 1$ に矛盾する.
(3) $\{Q(x)\}_{x \in A_0}$ から包含関係に関して極大なもの以外を除いて,$\{Q_j\}_{j \in J}$ を得る.すると,$A_0 \subset \bigcup_{j \in J} Q_j$ だから,$|A_0| \leq \sum_{j \in J} |Q_j|$ となる.ここで,$Q_j^* \subset B$ だから,Q_j が互いに交わらないことから,
$$\sum_{j \in J} |Q_j| = \left| \bigcup_{j \in J} Q_j \right| \leq \left| \bigcup_{j \in J} Q_j^* \right| \leq |B|$$
が得られる.一方で,$2^n \lambda |Q_j| = \lambda |Q_j^*| \geq |A \cap Q_j^*|$ であるから,$|A| \leq 2^n \lambda |B|$ が得られる. $\square$

章末問題 3.4:原点を中心とする球との共通部分を考えて,有界なルベーグ可測集合を考えればよい.このようなルベーグ可測集合はコンパクト集合の可算和と零集合との合併として表されるから,f はコンパクト集合や零集合をルベーグ可測集合へと移すことを示せばよい.f は連続であるから,コンパクト集合はコンパクト集合へと移す.零集合が零集合に移されることを示そう.E を零集合とすると,$m^*(E)$ は零集合であるから,任意の $\varepsilon > 0$ に対して,$\sum_{j=1}^{\infty} |R_j| < \varepsilon$ となる直方体の列 $\{R_j\}_{j=1}^{\infty}$ で,E を被

覆しているものが存在する．R_j を僅かに拡大して，R_j の辺の比率は有理数であると仮定してよい．さらにその場合は，R_j を等分することで，R_j の辺の長さはすべて等しいとしてよい．R_j を含む最小の球を V_j とする．$|V_j| \le n^n |R_j|$ に注意する．f はリプシッツ連続であるから，$f(V_j)$ は体積が $\mathrm{Lip}(f)^n n^n |R_j|$ 以下の球に含まれる．よって，$f(E)$ も零集合である． □

第4章

問題 4.1：
(1) 以下に述べる理由から，【イ】が該当する事柄である．
   - 【ア】言い当てられる確率は $47^{-70} > 0$ であるから，必ず誰かひとり言い当てる確率は $1 - 47^{-70}$ でこれは 0 より大きく，1 より小さい．よってこれは条件に該当しない．
   - 【イ】x と y の位置が少しでもずれたら違う位置になるので，$x = y$ となる確率は 0 である．よってこれは条件に該当する．
   - 【ウ】自分が勝つ確率は 3^{-14} である．これは 0 より大きいので，これは条件に該当しない． □
(2) 中心極限定理：【イ】 大数の法則：【ア】，【ウ】，【エ】 □

問題 4.2：
(1) 仮定を書き換えると，
$$\sum_{n=1}^{\infty} \mu(A_n) = \sum_{n=1}^{\infty} \int_X \chi_{A_n}(\omega) \, d\mu(\omega)$$
$$= \int_X \sum_{n=1}^{\infty} \chi_{A_n}(\omega) \, d\mu(\omega) < \infty$$

であるから，ほとんどいたるところ $\sum_{n=1}^{\infty} \chi_{A_n} < \infty$ である．この条件が満たされない点の測度は 0 である．よって，結論が得られる．

(2) $n = 1, 2, \ldots$ に対して，$B_n = A_n{}^c$ とおく．$k, m \in \mathbb{N}, k \le m$ とする．
$$\mu\left(\bigcap_{n=k}^{m} B_n \right) = \prod_{n=k}^{m} \mu(B_n) = \prod_{n=k}^{m} (1 - \mu(A_n)) \le \prod_{n=k}^{m} \frac{1}{e^{\mu(A_n)}}$$

である．m が任意であるから，$\mu\left(\bigcap_{n=k}^{\infty} B_n \right) = 0$ となる．したがって，$\mu\left(\bigcup_{n=k}^{\infty} A_n \right) = 1 - \mu\left(\bigcap_{n=k}^{\infty} B_n \right) = 1$ が得られる．$\mu(X) = 1$ であるから，ルベーグの収束定理が使えて，

$$\mu\left(\limsup_{n\to\infty} A_n\right) = \lim_{n\to\infty} \mu\left(\bigcap_{N=1}^{n}\bigcup_{m=N}^{\infty} A_m\right)$$
$$\geq \lim_{n\to\infty} \mu\left(\bigcup_{m=n}^{\infty} A_m\right)$$
$$= 1$$

となる．□

問題 4.3：

(1) $\mu_j(A) = \dfrac{1}{2}\sharp(A\cap\{-1,1\})$ に対して，定理 4.12 と定理 4.13 を適用すると，所望の $(\Omega, \mathcal{B}, P)$ が得られる．定理 4.13 の p_j が求める X_j である．

(2) $\mu_j(A) = \dfrac{1}{6}\sharp(A\cap\{1,2,3,\ldots,6\})$ に対して，(1) と同じことを考えること．□

章末問題 4.1：

(1) $P\{f_1 = a_1, f_2 = a_2, \ldots, f_N = a_N\} = 2^{-N}$

(2) (1) より，
$$P\{f_1 = a_1, f_2 = a_2, \ldots, f_N = a_N\}$$
$$= P\{f_1 = a_1\}P\{f_2 = a_2\}\cdots P\{f_N = a_N\} = 2^{-N}$$

となるから，$\{f_j\}_{j=1}^{\infty}$ は独立である．□

章末問題 4.2：

(1) 右辺を部分積分を用いて計算していく．

(2) (1) の右辺に変数変換 $x = t + n$ を施す．

(3) 1番目の不等式を得るには $(t+1)^n e^{-nt} = (t+1)^{n-1} e^{-(n-1)t}(t+1)e^{-t}$ と分解して，$(t+1)^{n-1} e^{-(n-1)t}$ を積分区間における最大値 $(a+1)^{n-1} e^{-(n-1)a}$ で評価する．2番目の不等式を得るには $(t+1)e^{-t} \leq (1-a)e^a$ を使う．

(4) たとえばテーラー展開を用いて証明できる．

(5) $\dfrac{n! e^n}{n^n \sqrt{n}} = \sqrt{n}\left(\displaystyle\int_{-1}^{-a} + \int_{-a}^{a} + \int_{a}^{\infty}\right)\left(\dfrac{t+1}{e^t}\right)^n dt$ と分ける．(3) より，
$$\sqrt{n}\left(\int_{-1}^{-a} + \int_{a}^{\infty}\right)\left(\dfrac{t+1}{e^t}\right)^n dt \to 0$$

となる．同じく，(4) より，
$$\sqrt{n}\int_{-a}^{a}\left(1 - \dfrac{t^2}{2}\right)^n dx \leq \sqrt{n}\int_{-a}^{a}\left(\dfrac{t+1}{e^t}\right)^n dt$$
$$\leq \sqrt{n}\int_{-a}^{a}\left(1 - \dfrac{t^2}{2} + |t|^3\right)^n dx$$

となる．つまり，

$$\int_{-a\sqrt{n}}^{a\sqrt{n}} \left(1 - \frac{t^2}{2n}\right)^n dx \leq \sqrt{n} \int_{-a}^{a} \left(\frac{t+1}{e^t}\right)^n dt$$
$$\leq \int_{-a\sqrt{n}}^{a\sqrt{n}} \left(1 - \frac{t^2}{2n} + \frac{|t|^3}{n\sqrt{n}}\right)^n dx$$

となる．ここで，$-a\sqrt{n} \leq t \leq a\sqrt{n}$ のとき，
$$\left(1 - \frac{t^2}{2n} + \frac{|t|^3}{n\sqrt{n}}\right)^n \leq \left(1 - \frac{t^2}{8n}\right)^n \leq \exp\left(-\frac{t^2}{16}\right)$$
かつ $\left(1 - \frac{t^2}{2n}\right)^n \leq \exp\left(-\frac{t^2}{16}\right)$ で右辺は n に依存しない可積分関数だから，ルベーグの収束定理が使えて，

$$\sqrt{n} \int_{-a}^{a} \left(\frac{t+1}{e^t}\right)^n dt \to \int_{-\infty}^{\infty} \exp\left(-\frac{t^2}{2}\right) dt$$

となる．右辺の積分は $\sqrt{2\pi}$ だから，以上の式をつなぎ合わせると，$\lim_{n\to\infty} \frac{n! e^n}{n^n \sqrt{n}} = \sqrt{2\pi}$ が得られる． $\square$

章末問題 4.3：

(1) 変数変換により得られる．

(2) $\log f_t(x)$ を x に関してテーラー展開して得られる．

(3) $\log(1+t) \leq t - \frac{t^2}{2} + \frac{t^3}{3}$ から得られる．

(4) $\frac{\partial}{\partial t} f_t(x) = \frac{e^{-tx}}{t+x} \left(\frac{t+x}{t}\right)^{t^2} \left(2t(t+x)\log\frac{t+x}{t} - x(2t+x)\right)$ であるが，x に関して微分すればわかるように，
$$2t(t+x)\log\frac{t+x}{t} - x(2t+x) \leq 0$$
である．よって，$f_t(x) \leq f_x(x) = 2^{x^2} e^{-x^2}$ となる．

(5) 今までの計算により，
$$0 \leq f_t(x) \leq \exp\left(-\frac{x^2}{6}\right) + 2^{x^2} e^{-x^2}$$
であるから，(1) とルベーグの収束定理を用いることで，結論が得られる． $\square$

第 5 章

問題 5.1：

(1) inc_n

(2) パーセバルの等式により
$$\|f\|_{L^2(\mathbb{T})} = \sqrt{\pi \sum_{n=-\infty}^{\infty} |c_n|^2}, \quad \|f'\|_{L^2(\mathbb{T})} = \sqrt{\pi \sum_{n=-\infty}^{\infty} |n\, c_n|^2}$$
となる．

(3) $c_0 = c_1 = c_{-1} = 0$ だから

$$\|f'\|_{L^2(\mathbb{T})} = \sqrt{\pi \sum_{n=-\infty}^{-2} |n\,c_n|^2 + \pi \sum_{n=2}^{\infty} |n\,c_n|^2} \geq 2\sqrt{\pi \sum_{n=-\infty}^{\infty} |c_n|^2}$$

となる．

(4) 等号の成立条件は $c_n = 0$, $|n| \geq 3$ となる．つまり，$f(x) = c_{-2}e^{-2ix} + c_2 e^{2ix}$ のみが等号を与える．c_2, c_{-2} をとり替えて，$f(x) = A\sin 2x + B\cos 2x$ が (3) の不等式の等号を与える．□

問題 5.2： $f(x) = \lim_{R \to \infty} \dfrac{1}{\sqrt{2\pi}} \int_{|x| \leq R} \mathcal{F}f(\xi) e^{ix\cdot\xi}\,dx$ であるから，これにコーシー・シュワルツの不等式を用いて結論が得られる．□

問題 5.3：

(1) $\sqrt{\pi}$

(2) $f_m(x) = \displaystyle\sum_{n=0}^{m} \dfrac{(itx)^n}{n!e^{x^2}}$ とすると，$f_m(x) \to e^{itx - x^2}$ が成り立つ．ルベーグの収束定理により，

$$I(t) = \lim_{m \to \infty} \sum_{n=0}^{m} \int_{-\infty}^{\infty} \dfrac{(itx)^n}{n!} e^{-x^2}\,dx$$

となる．ここで，$\displaystyle\int_{-\infty}^{\infty} x^n e^{-x^2}\,dx$ を計算して代入すると，$I(t) = \sqrt{\pi}\exp\left(-\dfrac{t^2}{4}\right)$ が得られる．□

問題 5.4：

(1) x^{-1}

(2) (1) より，$J = \displaystyle\lim_{L \to \infty} \int_{L^{-1}}^{L} \left(\int_0^{\infty} e^{-tx} \sin x\,dt\right) dx$ である．ここで，

$$\int_{L^{-1}}^{L} \left(\int_0^{\infty} |e^{-tx} \sin x|\,dt\right) dx \leq \int_{L^{-1}}^{L} \left(\int_0^{\infty} \dfrac{dt}{e^{tx}}\right) dx$$

$$= \int_{L^{-1}}^{L} \dfrac{dx}{x} = 2\log L < \infty$$

であるから，$J = \displaystyle\lim_{L \to \infty} \int_0^{\infty} \left(\int_{L^{-1}}^{L} e^{-tx} \sin x\,dx\right) dt$ となる．x に関して積分を実行すると，

$$\int_0^{\infty} \left(\int_{L^{-1}}^{L} e^{-tx} \sin x\,dx\right) dt$$
$$= \int_0^{\infty} \left(\dfrac{t\sin L - \cos L}{e^{tL}(t^2+1)} - \dfrac{t\sin L^{-1} - \cos L^{-1}}{e^{tL^{-1}}(t^2+1)}\right) dt$$

は $L \to \infty$ で J に収束する．$L \geq 1$ とすると，$te^{-tL} \leq L^{-1} \leq 1$ である．ここで不等式

$$\left| \frac{t\sin L - \cos L}{e^{tL}(t^2+1)} - \frac{t\sin L^{-1} - \cos L^{-1}}{e^{tL^{-1}}(t^2+1)} \right| \leq \frac{4}{t^2+1}$$

に注目する．$(t^2+1)^{-1}$ は可積分であるので，ルベーグの収束定理を用いることができて，$J = \int_0^\infty \frac{dt}{t^2+1} = \frac{\pi}{2}$ が得られる．□

章末問題 5.1：
 (1) プランシュレルの定理を用いる．
 (2) $\xi \mathcal{F}f(\xi) \in L^2(\mathbb{R})$ であるから，再びプランシュレルの定理を用いれば，結論が得られる．□

章末問題 5.2：
 (1) $0 \leq y \leq \frac{\sqrt{m}\pi}{4}$ ではない場合は，左辺は 0 で右辺は 0 以上だから明らかである．$0 \leq y \leq \frac{\sqrt{m}\pi}{4}$ のときに，
$$\chi_{(0,\sqrt{m}\pi)}(4y)\cos^{2m}\left(\frac{y}{\sqrt{m}}\right) \leq \left(1 - \frac{y^2}{100m}\right)^{2m} \leq \exp\left(\frac{-y^2}{200}\right)$$
となる．

 (2) 初めに変数変換 (対称性) から，
$$a_m = 2\sqrt{m}\int_0^\pi \left(\frac{1+\cos x}{2}\right)^m dx$$
である．$y = \sqrt{m}x$ と変数変換すると，
$$a_m = 2\int_0^{\sqrt{m}\pi}\left(\frac{1+\cos(\sqrt{m^{-1}}y)}{2}\right)^m dy$$
となる．ここで，$\left(\frac{1+\cos(\sqrt{m^{-1}}y)}{2}\right)^m = \cos^{2m}\left(\frac{y}{2\sqrt{m}}\right)$ である．よって，与式 $= \lim_{m\to\infty}\int_0^{\sqrt{m}\pi}\cos^{2m}\left(\frac{y}{2\sqrt{m}}\right)dy$ となる．

 (3) 積分の単調性から $\int_{\frac{\sqrt{m}\pi}{2}}^{\sqrt{m}\pi}\cos^{2m}\left(\frac{y}{2\sqrt{m}}\right)dy \leq \frac{\sqrt{m}\pi}{2^{m+2}}$ だから，変数変換で 与式 $= 2\lim_{m\to\infty}\int_0^{\frac{\sqrt{m}\pi}{4}}\cos^{2m}\left(\frac{y}{\sqrt{m}}\right)dy$ となる．

 (4) $\int_{-\infty}^\infty \exp\left(-\frac{z^2}{200}\right)dz = \sqrt{200\pi} < \infty$ で，
$$\lim_{m\to\infty}\cos^{2m}\left(\frac{y}{\sqrt{m}}\right)\chi_{\left(0,\frac{\sqrt{m}\pi}{4}\right)}(|y|) = \exp\left(-\frac{y^2}{4}\right) \quad (y \in \mathbb{R})$$
だから，ルベーグの収束定理が使えて，(3) から
$$与式 = 2\int_0^\infty \exp\left(-\frac{y^2}{4}\right)dy = 2\sqrt{\pi}. \quad \square$$

索　引

■ 欧文

2 進立方体　130
5r-被覆補題　113
$C^k(\mathbb{T}^n)$　148
$C(\mathbb{T}^n)$　148
$L^1(E)$　39
$L^2(\mathbb{R}^n)$ 関数に対するフーリエ変換
　　160
$L^p(E)$　78, 86
$L^p(\mathbb{T}^n)$　148
$L^\infty(E)$　79
$N(0, V[X_1])$　134
σ-集合体　15
σ-集合体の直積　72
σ-有限測度　66
π-λ 原理　19
χ　26
＋ 部分　38
− 部分　38

■ あ

一般の和　66
親　130

■ か

カールソンの大定理　155
ガウス記号　30
確率空間　66

確率測度　66
可算集合　3
可積分関数　69
可積分性　39
可測関数　67
可測空間　15
可測集合　15
可測な分割　65
完備性　87
完備測度空間　67
ガンマ関数　42
局所可積分性　88
極大作用素の弱 (1,1)-有界性
　　113
距離関数　85
距離空間　85
計数測度　65
コイントス　144
項別積分定理　70
コルモゴロフの拡張定理　143

■ さ

(集合の) 上極限　138
条件つき期待値　136
シリンダー集合　139
スターリングの公式　145
正規分布　103
正集合　98

正値可測関数の積分　34
正値関数に関するフビニの定理
　　57, 73
正変動量　121
ゼータ関数　105
積分の三角不等式　77
積分の単調性　77
積分のミンコフスキーの不等式
　　84
絶対連続測度　95
零集合　13
全微分可能　124
総変動量　121
測度　64

■ た
大数の（強）法則　135
代表元　107
互いに素　64
畳み込み積　92
単関数　26, 32, 68
単調関数の微分可能性　119
単調収束定理　36, 69
チェザロ平均　149
チェビシェフの不等式　78
中心極限定理　134
稠密性　91
調和共役　80
直積測度　72
直方体　3
直方体の体積　3
ディラックのデルタ　65
ディリクレ積分　161
同値関係　107
同分布　134
独立確率変数　133

■ な
内積　82
任意の $N \in \mathbb{N}$　134
ノルム空間　85

■ は
パーセバルの定理　154
ハーディー作用素　107
ハーン分解　101
バナッハ空間　86
微分記号と積分記号の入れ替え
　　49, 71
ファトゥの補題　37, 70
フーリエ変換の基本公式　157
フーリエ変換の逆公式　158
複素数値関数に関するフビニの定
　　理　57, 73, 74
符号つき測度　95
符号つき測度の絶対値　95
負集合　98
負変動量　121
プランシュレルの定理　159
分散　133, 134
分布　133
平均　133, 134
ベッセル関数　42
ヘルダーの不等式　80, 82
ほとんどいたるところ　70
ほとんど確実に　132
ほとんどすべて　52
ボレル可測関数　26
ボレル・カンテリーの補題　138
ボレル集合　21
ボレル単関数　26
本質的に非有界　59

■ ま
密度　95

ミンコフスキーの不等式　80

■ や
ヤングの不等式　93
有界変動関数の構造定理　122
有界変動関数の可微分性　123
有限測度　66

■ ら
ラデマッハー関数　145
ラデマッハーの定理　125
ラドン・ニコディムの定理　95, 96

リプシッツ関数の延長　123
リプシッツ連続　123
ルベーグ外測度　6
ルベーグ可測関数　26
ルベーグ可測集合　10, 13
ルベーグ σ-集合体　13
ルベーグ単関数　26
ルベーグ点　116
ルベーグの収束定理　47, 71
ルベーグの定理　51
ルベーグの微分定理　115
連続変数に関するルベーグの収束定理　49, 71

〈著者紹介〉

澤野　嘉宏（さわの　よしひろ）

略　歴
1979 年　静岡県清水市（現 静岡市清水区）に生まれる．
2006 年　東京大学大学院数理科学研究科博士課程修了．
学習院大学大学院自然科学研究科助教，京都大学理学部助教を経て，
現　在　首都大学東京大学院理工学研究科准教授．
　　　　博士（数理科学）
専門は実関数論，フーリエ解析など．
著書に，『この定理が美しい』（(分担執筆)，数学書房，2009）,『ベゾフ空間論』（日本評論社，2011）,
『早わかりベクトル解析』（共立出版，2014）がある．

数学のかんどころ 29
早わかりルベーグ積分
(*Quick introduction to integration theory*)
2015 年 9 月 25 日　初版 1 刷発行

著　者　澤野嘉宏　Ⓒ 2015
発行者　南條光章
発行所　共立出版株式会社
〒 112-0006
東京都文京区小日向 4-6-19
電話番号　03-3947-2511（代表）
振替口座　00110-2-57035

共立出版ホームページ
http://www.kyoritsu-pub.co.jp/

印　刷　大日本法令印刷
製　本　協栄製本

一般社団法人
自然科学書協会
会員

検印廃止
NDC 413.4
ISBN 978-4-320-11070-0
Printed in Japan

JCOPY ＜出版者著作権管理機構委託出版物＞
本書の無断複製は著作権法上での例外を除き禁じられています．複製される場合は，そのつど事前に，
出版者著作権管理機構（TEL：03-3513-6969，FAX：03-3513-6979，e-mail：info@jcopy.or.jp）の
許諾を得てください．

数学の かんどころ

編集委員会：飯高　茂・中村　滋・岡部恒治・桑田孝泰

数学理解の要点ともいえる"かんどころ"を懇切丁寧にレクチャー。ワンテーマ完結＆コンパクト＆リーズナブル主義の現代的な新しい数学ガイド・シリーズ。

ここがわかれば数学はこわくない！　ガウス　オイラー
（イラスト：飯高　順）

【各巻：A5判・並製・税別本体価格】

① 内積・外積・空間図形を通して **ベクトルを深く理解しよう**
　飯高　茂著 ………… 122頁・本体1,500円

② **理系のための行列・行列式** めざせ！理論と計算の完全マスター
　福間慶明著 ………… 208頁・本体1,700円

③ **知っておきたい幾何の定理**
　前原　濶・桑田孝泰著 ………… 176頁・本体1,500円

④ **大学数学の基礎**
　酒井文雄著 ………… 148頁・本体1,500円

⑤ **あみだくじの数学**
　小林雅人著 ………… 136頁・本体1,500円

⑥ **ピタゴラスの三角形とその数理**
　細矢治夫著 ………… 198頁・本体1,700円

⑦ **円錐曲線** 歴史とその数理
　中村　滋著 ………… 158頁・本体1,500円

⑧ **ひまわりの螺旋**
　来嶋大二著 ………… 154頁・本体1,500円

⑨ **不等式**
　大関清太著 ………… 200頁・本体1,700円

⑩ **常微分方程式**
　内藤敏機著 ………… 264頁・本体1,900円

⑪ **統計的推測**
　松井　敬著 ………… 220頁・本体1,700円

⑫ **平面代数曲線**
　酒井文雄著 ………… 216頁・本体1,700円

⑬ **ラプラス変換**
　國分雅敏著 ………… 200頁・本体1,700円

⑭ **ガロア理論**
　木村俊一著 ………… 214頁・本体1,700円

⑮ **素数と2次体の整数論**
　青木　昇著 ………… 250頁・本体1,900円

⑯ **群論，これはおもしろい** トランプで学ぶ群
　飯高　茂著 ………… 172頁・本体1,500円

⑰ **環論，これはおもしろい** 素因数分解と循環小数への応用
　飯高　茂著 ………… 190頁・本体1,500円

⑱ **体論，これはおもしろい** 方程式と体の理論
　飯高　茂著 ………… 152頁・本体1,500円

⑲ **射影幾何学の考え方**
　西山　享著 ………… 240頁・本体1,900円

⑳ **絵ときトポロジー** 曲面のかたち
　前原　濶・桑田孝泰著 ………… 128頁・本体1,500円

㉑ **多変数関数論**
　若林　功著 ………… 184頁・本体1,900円

㉒ **円周率** 歴史と数理
　中村　滋著 ………… 240頁・本体1,700円

㉓ **連立方程式から学ぶ行列・行列式** 意味と計算の完全理解
　岡部恒治・長谷川愛美他著 ………… 232頁・本体1,900円

㉔ わかる！使える！楽しめる！ **ベクトル空間**
　福間慶明著 ………… 198頁・本体1,900円

㉕ **早わかりベクトル解析** 3つの定理が織りなす華麗な世界
　澤野嘉宏著 ………… 208頁・本体1,700円

㉖ **確率微分方程式入門** 数理ファイナンスへの応用
　石村直之著 ………… 168頁・本体1,900円

㉗ **コンパスと定規の幾何学** 作図のたのしみ
　瀬山士郎著 ………… 168頁・本体1,700円

㉘ **整数と平面格子の数学**
　桑田孝泰・前原　濶著 ………… 140頁・本体1,700円

㉙ **早わかりルベーグ積分**
　澤野嘉宏著 ………… 216頁・本体1,900円

㉚ **ウォーミングアップ微分幾何**
　國分雅敏著 ………… 2015年10月発売予定

《以下続刊》

http://www.kyoritsu-pub.co.jp/
（価格は変更される場合がございます）

共立出版

公式 Facebook
https://www.facebook.com/kyoritsu.pub